U0668224

国家电网公司

生产技能人员职业能力培训通用教材

钳工基础

国家电网公司人力资源部　组编

冯利　主编

中国电力出版社

CHINA ELECTRIC POWER PRESS

内 容 提 要

《国家电网公司生产技能人员职业能力培训教材》是按照国家电网公司生产技能人员标准化培训课程体系的要求，依据《国家电网公司生产技能人员职业能力培训规范》（简称《培训规范》），结合生产实际编写而成。

本套教材作为《培训规范》的配套教材，共 72 册。本册为通用教材的《钳工基础》，全书共九章、34 个模块，主要内容包括划线，锯削，錾削，锉削，矫正和弯形，钳工常用孔加工，攻螺纹与套螺纹，常用量具和工具，简单机构的装配与调整等。

本书是供电企业生产技能人员的培训教学用书，也可以作为电力职业院校教学参考书。

图书在版编目（CIP）数据

钳工基础/国家电网公司人力资源部组编. —北京：中国电力出版社，2010.5（2019.8 重印）

国家电网公司生产技能人员职业能力培训通用教材

ISBN 978−7−5083−9610−1

Ⅰ. 钳⋯　Ⅱ. 国⋯　Ⅲ. 钳工−技术培训−教材　Ⅳ. TG9

中国版本图书馆 CIP 数据核字（2009）第 195610 号

中国电力出版社出版、发行

（北京市东城区北京站西街 19 号　100005　http://www.cepp.sgcc.com.cn）

三河市百盛印装有限公司印刷

各地新华书店经售

*

2010 年 5 月第一版　　2019 年 8 月北京第八次印刷

710 毫米×980 毫米　16 开本　9.75 印张　180 千字

印数 23001—24000 册　　定价 **38.00** 元

《国家电网公司生产技能人员职业能力培训通用教材》

编 委 会

前　言

　　为大力实施"人才强企"战略，加快培养高素质技能人才队伍，国家电网公司按照"集团化运作、集约化发展、精益化管理、标准化建设"的工作要求，充分发挥集团化优势，组织公司系统一大批优秀管理、技术、技能和培训教学专家，历时两年多，按照统一标准，开发了覆盖电网企业输电、变电、配电、营销、调度等34个职业种类的生产技能人员系列培训教材，形成了国内首套面向供电企业一线生产人员的模块化培训教材体系。

　　本套培训教材以《国家电网公司生产技能人员职业能力培训规范》（Q/GDW 232—2008）为依据，在编写原则上，突出以岗位能力为核心；在内容定位上，遵循"知识够用、为技能服务"的原则，突出针对性和实用性，并涵盖了电力行业最新的政策、标准、规程、规定及新设备、新技术、新知识、新工艺；在写作方式上，做到深入浅出，避免烦琐的理论推导和论证；在编写模式上，采用模块化结构，便于灵活施教。

　　本套培训教材包括通用教材和专用教材两类，共72个分册、5018个模块，每个培训模块均配有详细的模块描述，对该模块的培训目标、内容、方式及考核要求进行了说明。其中：通用教材涵盖了供电企业多个职业种类共同使用的基础知识、基本技能及职业素养等内容，包括《电工基础》、《电力生产安全及防护》等38个分册、1705个模块，主要作为供电企业员工全面系统学习基础理论和基本技能的自学教材；专用教材涵盖了相应职业种类所有的专业知识和专业技能，按职业种类单独成册，包括《变电检修》、《继电保护》等34个分册、3313个模块，根据培训规范职业能力要求，Ⅰ、Ⅱ、Ⅲ三个级别的模块分别作为供电企业生产一线辅助作业人员、熟练作业人员和高级作业人员的岗位技能培训教材。

　　本套培训教材的出版是贯彻落实国家人才队伍建设总体战略，充分发挥企业培养高技能人才主体作用的重要举措，是加快推进国家电网公司发展方式和电网发展方式转变的具体实践，也是有效开展电网企业教育培训和人才培养工作的重要基础，必将对改进生产技能人员培训模式，推进培训工作由理论灌输向能力培养转型，提高培训的针对性和有效性，全面提升员工队伍素质，保证电网安全稳定运行、支撑和促进国家电网公司可持续发展起到积极的推动作用。

本册为通用教材部分的《钳工基础》，由河南省电力公司具体组织编写。

全书第一、五、六、八、九章由河南省电力公司冯利编写；第二、四章由河南省电力公司赵雪峰编写；第三、七章由河南省电力公司陈岳编写。全书由冯利担任主编。华北电网有限公司彭德垠担任主审，穆昆建、赵福军参审。

由于编写时间仓促，难免存在疏漏之处，恳请各位专家和读者提出宝贵意见，使之不断完善。

目　录

第一章 划 线

模块 1 钳工划线种类及应用（TYBZ00901001）

【模块描述】本模块介绍了钳工划线操作的作用、种类及要求。通过对划线实例的描述，掌握划线基准的概念及选择方法。

【正文】

一、钳工划线概述

1. 划线的作用

划线是根据图纸要求，在毛坯或半成品上划出加工界线的一种操作。零件在加工前进行划线操作的作用如下：

（1）明确各加工面的加工位置，确定各加工面的加工余量。

（2）通过划线及时发现和剔除不符合图纸要求的毛坯。

（3）通过合理的"找正"及"借料"，补救存在适度缺陷的毛坯，提高半成品毛坯的利用率。

2. 划线的种类

划线分为平面划线和立体划线。只需在工件的一个平面上划线，即能明确表示出工件的加工界线的操作称为平面划线，如图 TYBZ00901001-1（a）所示。需要在工件的几个不同方向的表面上划线，才能明确表示出工件的加工界线的操作称为立体划线，如图 TYBZ00901001-1（b）所示。

3. 划线的要求

（1）采取合理的定位及找正方法，正确运用划线工具，保证所划尺寸的准确性。但需要指出的是：由于划出的线条总有一定的宽度，以及在使用划线工具和测量调整尺寸时难免产生误差，所以划出的线条不可能绝对准确。一般的划线精度能达到0.25～0.5mm。

（2）正确使用划线工具，使划出的线条清晰均匀。

（3）立体划线应保证所划线条在长、宽、高三个方向互相垂直。

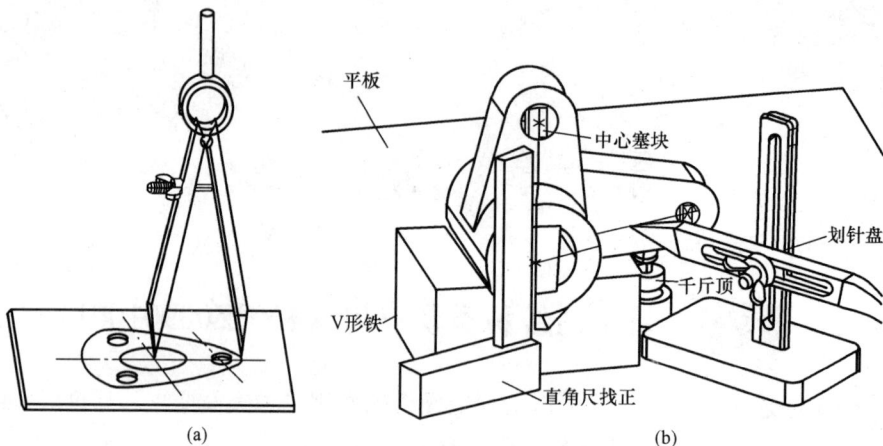

图 TYBZ00901001-1　划线的种类

（a）平面划线；（b）立体划线

二、划线基准及其选择

所谓划线基准就是指通过认真分析零件图，在毛坯零件上选择一个或几个几何要素（线或面）作为划线的依据（划线的起始位置），从而更准确、快捷地划出被加工零件上其他几何要素（线或面）的加工位置线，这样的线或面就称为划线基准。在选择划线基准时，要力求划线基准与零件的设计基准保持一致，如选择主要孔的中心线或中心平面作为划线基准。

1. 平面划线时，划线基准的选择类型

（1）以两条互相垂直的边作为划线基准，如图 TYBZ00901001-2（a）所示。

（2）以一条边和一条中心线作为划线基准，如图 TYBZ00901001-2（b）所示。

（3）以两条互相垂直的中心线作为划线基准，如图 TYBZ00901001-2（c）所示。

2. 零件立体划线时，划线基准的选择类型

（1）以两个互相垂直的平面（已加工）作为划线基准，如图 TYBZ00901001-3（a）所示。

（2）以一个已加工面和一个假想中心平面作为划线基准，如图 TYBZ00901001-3（b）所示。

（3）以两个相互垂直的假想中心平面作为划线基准，如图 TYBZ00901001-3（c）所示。

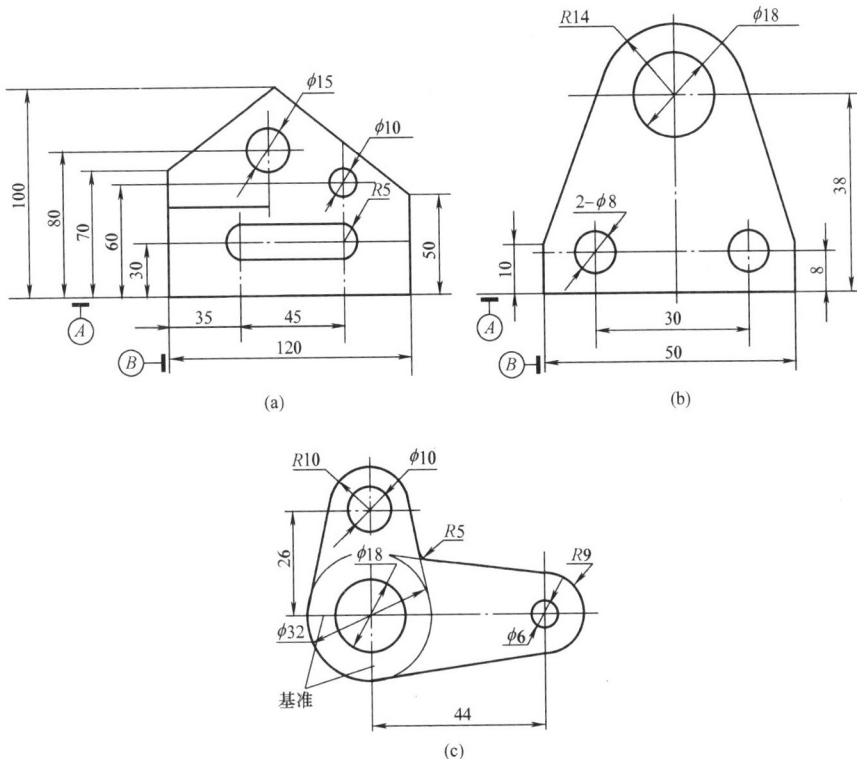

(a)

(b)

(c)

图 TYBZ00901001-2　平面划线时划线基准选择方法

（a）以互相垂直的边为基准；（b）以底边和中心线为基准；（c）以互相垂直中心线为基准

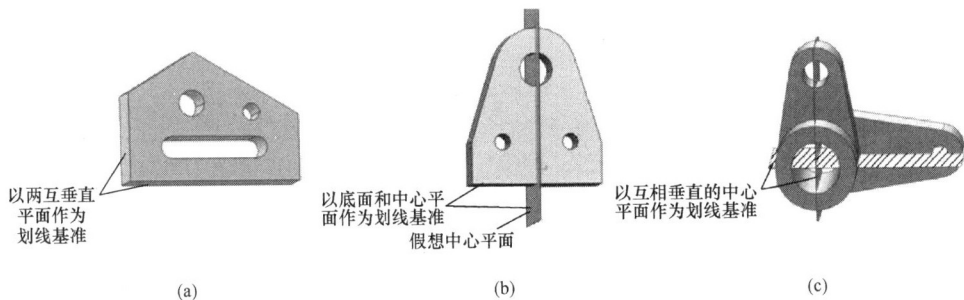

(a)

(b)

(c)

图 TYBZ00901001-3　立体划线时划线基准选择方法

（a）以互相垂直平面为基准；（b）以底面和中心平面为基准；（c）以互相垂直中心平面为基准

【思考与练习】

1. 划线的作用是什么？

2. 划线的种类有哪些？

3. 平面板料划线时，划线基准的选择类型有哪些？

模块 2　常用划线工具及使用方法（TYBZ00901002）

【**模块描述**】本模块介绍了常用划线工具的种类及用法。通过实例讲解，熟悉常用划线工具的使用方法，掌握划线操作的技能。

【**正文**】

一、常用划线工具

（一）划直线用工具

1. 划针

如图 TYBZ00901002-1 所示，划针是用来直接在工件上划出加工线的工具，经淬火磨尖后使用。弯头划针主要用于工件上某些部位用直划针划不到的地方。划针外形如图 TYBZ00901002-1（a）所示；划针的使用方法如图 TYBZ00901002-1（b）所示。

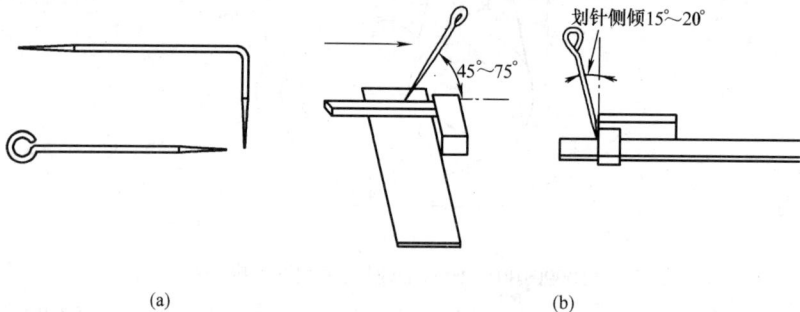

（a）　　　　　　　　　　　　　　　（b）

图 TYBZ00901002-1　用划针划线

（a）划针外形；（b）划针倾斜角度

2. 划针盘

划针盘主要用于立体划线及工件加工前的位置找正。调节划针到需要的高度，在划线平板上移动划针盘底座，即可划出水平线，如图 TYBZ00901002-2（a）所示；弯头端的作用是找正零件上的有关表面与划线平板平面的相对平行，如图 TYBZ00901002-2（b）所示。

3. 直角尺

直角尺的两条测量边成 90°，如图 TYBZ00901002-3 所示。它的用途有两个：一是可以检测相邻两面的垂直度，如图 TYBZ00901002-2（a）所示；二是可引导划针划平行线及垂直线，如图 TYBZ00901002-4 所示。

4. 钢直尺

钢直尺按其长度可分为 150、300、500 和 1000mm 四种规格，可供不同测量范围选用。钢直尺通常和划针配合划线，图 TYBZ00901002-5 所示是用钢直尺截取尺寸后（图中边距为 50mm），划出与工件侧边平行的线条。

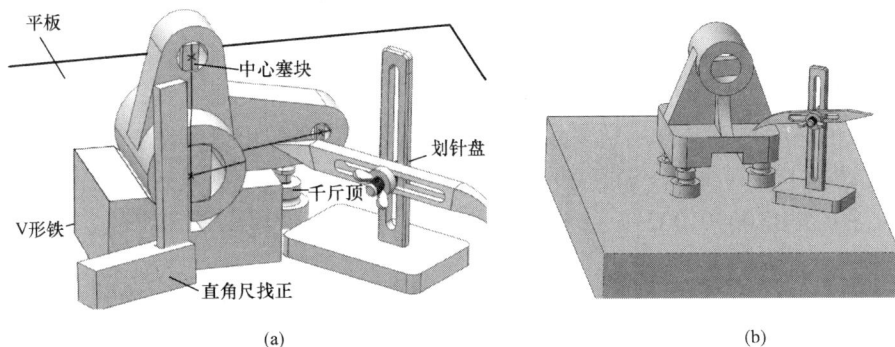

(a)   (b)

图 TYBZ00901002–2　划针盘及应用

（a）用划针盘划线；（b）用划针盘找正

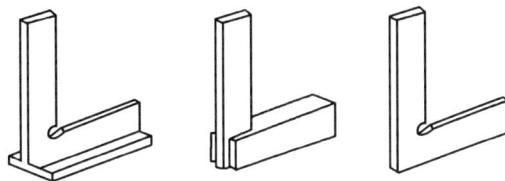

图 TYBZ00901002–3　直角尺

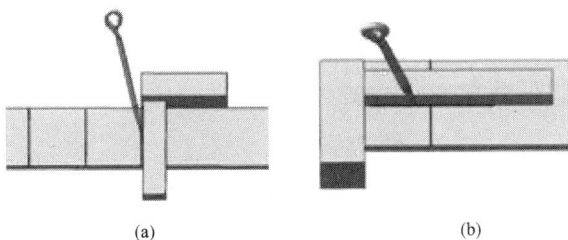

(a)   (b)

图 TYBZ00901002–4　直角尺配合划针划线

（a）划平行线；（b）划垂直线

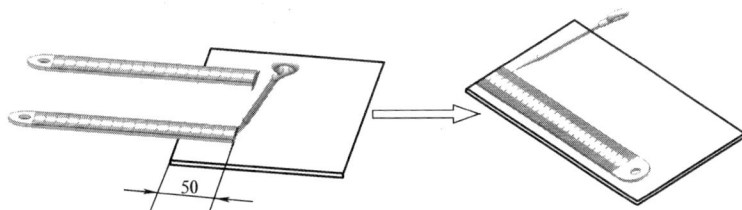

图 TYBZ00901002–5　钢直尺及划线方法

5. 高度尺

高度尺是配合划针盘量取高度尺寸的量具，它由底座和钢直尺组成，如图 TYBZ00901002–6（a）所示。钢直尺垂直固定在底座上，以保证所量取的尺寸准确。

高度游标卡尺 [见图 TYBZ00901002–6（b）] 是精密测量工具，适用于半成品（光坯）的划线，不允许用它来划毛坯线。使用时，要防止撞坏硬质合金划线脚。用高度游标卡尺划线时，调好划线高度，用紧固螺钉把尺框锁紧后，在平台上进行划线。图 TYBZ00901002–6（c）所示为高度游标卡尺的划线实例。

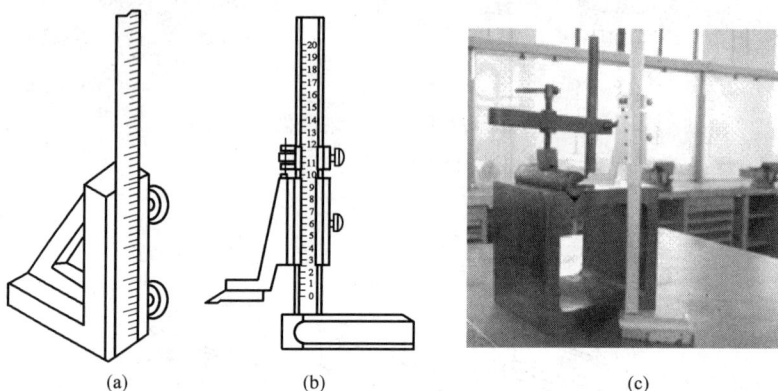

（a）　　　　　　（b）　　　　　　　　　　（c）

图 TYBZ00901002–6　高度尺与高度游标卡尺

（a）高度尺；（b）高度游标卡尺；（c）用高度游标尺划线实例

（二）圆弧类划线工具

1. 划规

划规的用法如图 TYBZ00901002–7 所示。

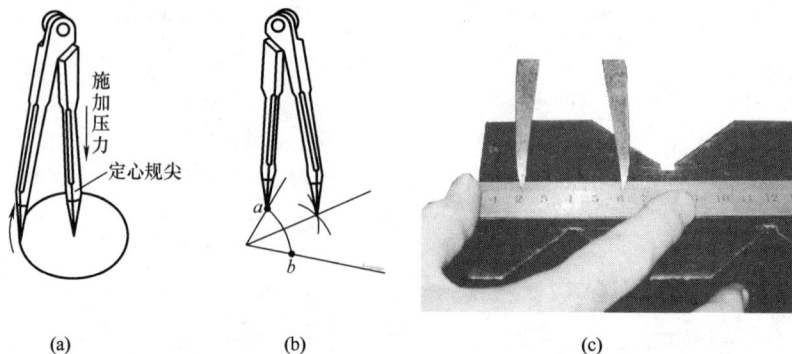

（a）　　　　　　（b）　　　　　　　　　　（c）

图 TYBZ00901002–7　划规的用法

（a）划圆；（b）等分角度；（c）截取尺寸

（1）划圆及圆弧，如图 TYBZ00901002-7（a）所示。划圆及圆弧时，应使压力施加于作为旋转中心的划规尖上；划小圆及圆弧时，划规尖应能紧密并拢。

（2）等分线段或等分角度，如图 TYBZ00901002-7（b）所示。

（3）在钢直尺上截取尺寸，如图 TYBZ00901002-7（c）所示。在钢直尺上量取尺寸时，应重复几次，以免产生度量误差。

2. 地规

如图 TYBZ00901002-8 所示，地规主要用于划大圆及大圆弧，截取大尺寸，等分角度和线段等。在滑杆上移动两个地规脚，就可得到一定尺寸。如现场安装时可用地规划出安装孔的中心位置线。

3. 样冲

样冲的作用有以下两点：

（1）用来在工件所划线条上及交叉点上打出小而均匀的样冲眼，以便于在所划的线模糊后，仍能找到原线及交点位置。

在所划线条上打样冲眼作标记的注意事项有以下几点：

1）圆弧线条上样冲眼应打得密一些，即样冲眼的间隔小一些，见图 TYBZ00901002-9（a）。

2）直线线条上的样冲眼可疏一些，即样冲眼间的间距可大些，见图 TYBZ00901002-9（b）。

3）已加工过的零件表面上禁止打样冲眼。

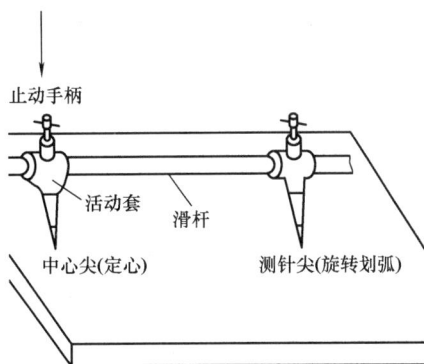

图 TYBZ00901002-8 地规及用法   图 TYBZ00901002-9 用样冲在所划线条上作标记的方法

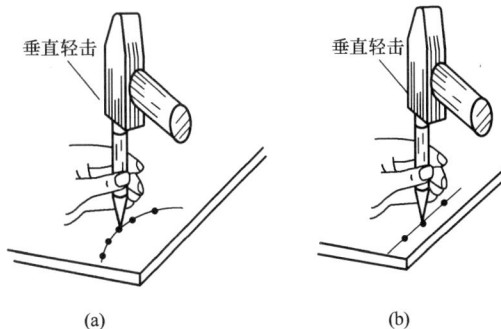

（a）在圆弧线条上作标记；（b）在直线上作标记

（2）钻孔前，应在中心部位打上"定中心"样冲眼，以便使钻头横刃处的钻心尖落入中心样冲眼的凹坑处，故钻孔前中心样冲眼位置应打得尽可能准确，以保证钻孔时孔位的准确性。钻孔前打样冲眼的步骤如图 TYBZ00901002-10 所示。

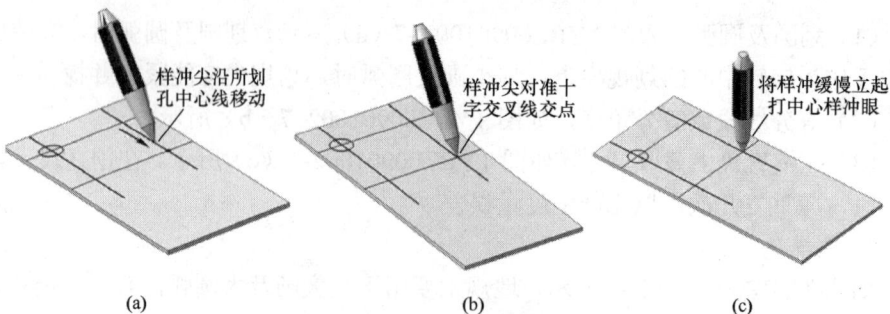

图 TYBZ00901002-10 钻孔前打样冲眼

(a) 步骤一；(b) 步骤二；(c) 步骤三

二、常用划线附具

常用划线附具的种类如图 TYBZ00901002-2 和图 TYBZ00901002-11 所示。

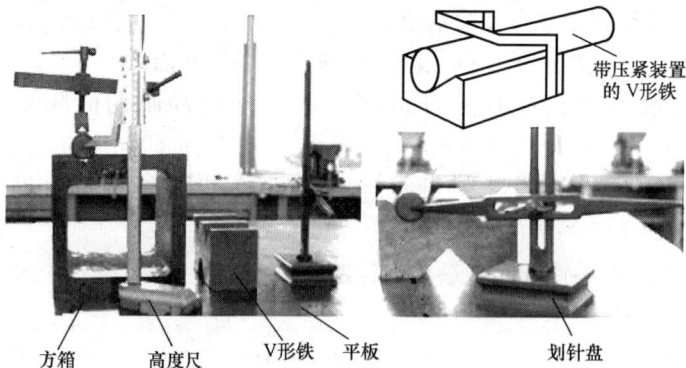

图 TYBZ00901002-11 常用划线附具

【思考与练习】

1. 简述用划针划线时的注意事项。

2. 简述划规的使用方法。

3. 简述样冲的用法。

模块 3 划线步骤及注意事项（TYBZ00901003）

【模块描述】本模块介绍了划线步骤及常用划线方法。通过平面划线和立体划线典型实例的演示与讲解，掌握划线的方法、步骤及注意事项。

【正文】

一、划线前的准备工作

1. 工件的清理

毛坯件，可用手砂轮、角磨机、钢刷、旧锉刀、砂纸等，对其表面上的氧化皮、飞边、残留泥沙、污垢等进行仔细清理后涂色；机加工过或钳加工过的零件，若需要在已加工表面上划线，一般只需用锉刀清除尖角毛刺即可。

2. 工件的涂色

（1）在铸、锻毛坯件上划线，一般用石灰水加入适量的牛皮胶做划线涂料；而在各类型钢上划线，可用石灰水、白漆做涂料，也可在需要划线的部位用粉笔或石笔涂抹。

（2）已加工过的表面，划线前一般涂蓝油，配制蓝油时的比例为：龙胆紫、蓝油占 2%～4%，漆片、洋干漆占 3%～5%，酒精占 91%～95%。

工件在涂色时要尽量涂得薄而均匀，只有这样，才能保证所划线条清晰，涂得太厚则容易剥落。

二、划线方法及步骤

1. 基本划线方法

所谓基本划线方法，就是用划线工具在零件某一表面上划出平行线、垂直线、平分线、圆弧线、圆弧连接线，求圆心等的操作，如图 TYBZ00901003-1 所示。

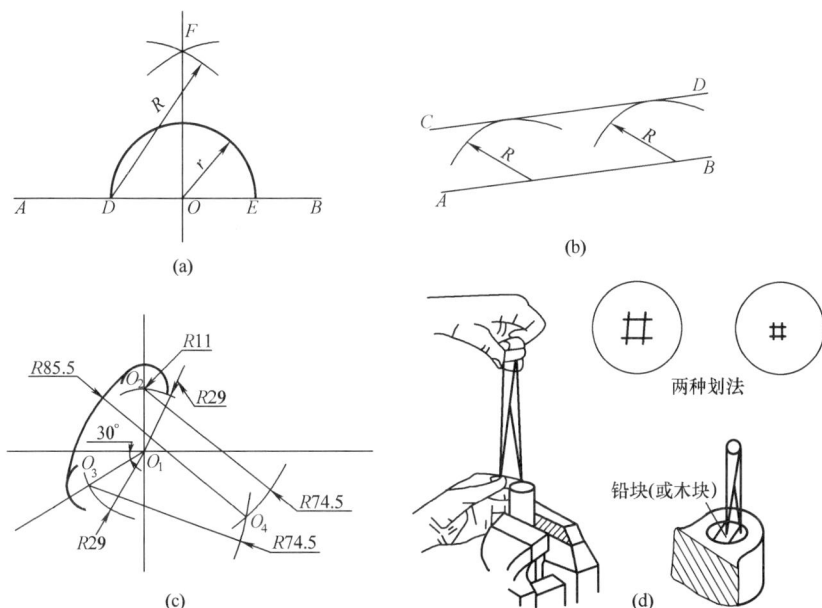

图 TYBZ00901003-1　基本划线方法

（a）划垂直线；（b）划平行线；（c）划圆弧连接线；（d）用划卡找中心

2. 样板划线

样板划线就是根据图样或实物制作好样板后，按照样板进行划线，如图 TYBZ00901003-2 所示。

3. 配划线

配划线就是用已加工好的工件为依据，采用拓印法的一种划线方法，如划一些形状较复杂的衬垫或法兰盘、箱体、电机底座等。

如图 TYBZ00901003-3 所示，需要在法兰盘安装底座（槽钢）上加工出螺栓安装孔，此时可先在法兰盘孔边缘处涂一层黄油，然后在安装孔处贴上一层薄纸，并用手在纸上按出孔形印迹，再在纸上涂一层铅丹，最后把法兰盘按选定安装位置用力压在安装槽钢上，由于铅丹的显色作用，法兰盘上孔的位置就印在了安装槽钢上，然后将法兰拿下，就可以按孔形印迹进行钻孔了。

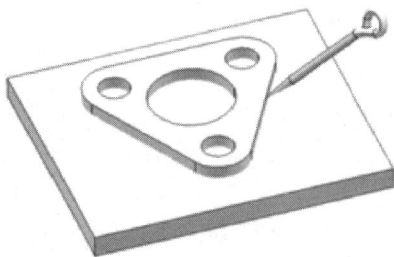

图 TYBZ00901003-2 样板划线

图 TYBZ00901003-3 配划线

4. 划线步骤

（1）详细研究图纸，确定划线基准。

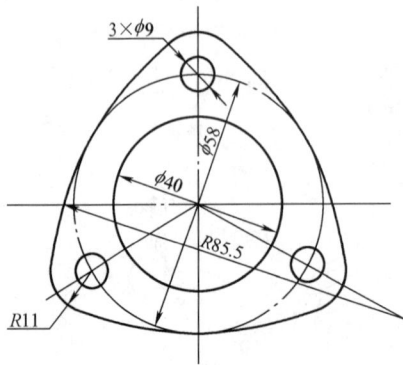

图 TYBZ00901003-4 衬板

（2）清理毛坯表面，涂以适当的涂料。

（3）正确安放工件，选用划线工具。

（4）按图纸技术要求进行划线。

（5）划完线应仔细检查有无差错。

（6）划线准确无误后，方可在线上打样冲眼。

三、典型零件的划线

1. 安装基座衬板的划线

有一薄板料厚度为 5mm，要求按图 TYBZ00901003-4 所示，划出内外形加工线。

首先分析形状及尺寸可知，此样板划线的

关键技术环节是 $R11$ 与 $R85.5$ 圆弧相内切的划法。根据前述，可确定圆弧 $R85.5$ 的圆心，然后划出三条 $R11$ 的公切弧线。其具体做法如下所述。

（1）如图 TYBZ00901003-5（a）所示，划出两条互垂中心线，交点为 O_1。以 O_1 为圆心以 29mm 为半径划弧，得圆心 O_2 及 O_3，再分别以 O_2 及 O_3 为圆心，以 11mm 为半径划两弧。

（2）如图 TYBZ00901003-5（b）所示，分别以 O_2 及 O_3 为圆心，以 74.5mm 为半径划弧相交于 O_4 点，再以 O_4 点为圆心，以 85.5mm 为半径，划出 $R85.5$ 的圆弧与两个 $R11$ 圆弧相内切。

（3）同理，可划出另外两个 $R85.5$ 的外轮廓圆弧，如图 TYBZ00901003-5（c）和图 TYBZ00901003-5（d）所示。

（4）划衬板孔径及孔位线，如图 TYBZ00901003-5（e）所示。

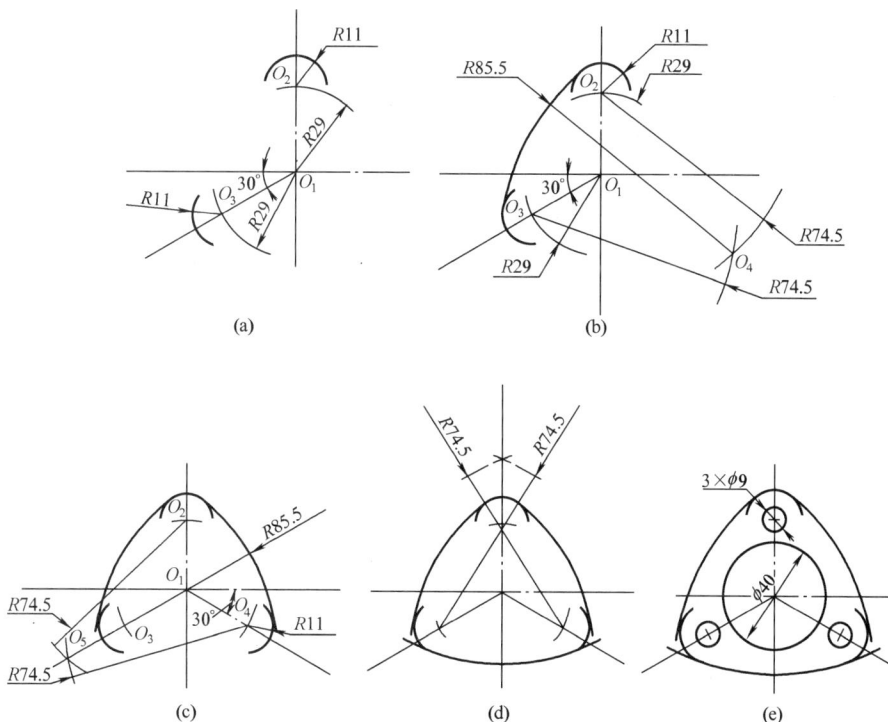

图 TYBZ00901003-5 $R11$ 与 $R85.5$ 圆弧相内切的划法

（a）划互垂中心线；（b）划第一条 $R85.5$ 圆弧线；（c）划第二条 $R85.5$ 圆弧线；

（d）划第三条 $R85.5$ 圆弧线；（e）划孔径线与孔位线

2. 轴承座划线

（1）如图 TYBZ00901003-6（a）所示，将工件放在千斤顶上，根据孔中心和上表面调节千斤顶，用划针盘进行找正，使工件水平。

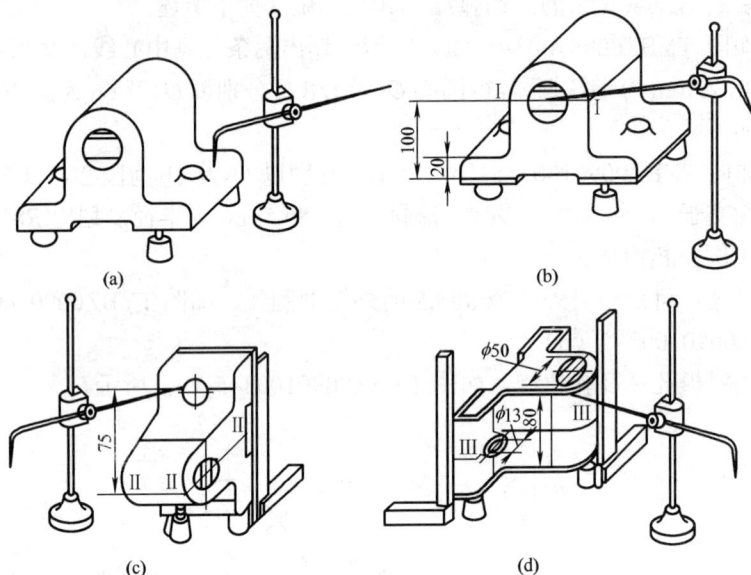

图 TYBZ00901003-6　轴承座划线

（a）划针盘找平；（b）划针盘划线；（c）翻转 90°划线；（d）继续翻转 90°划线

（2）根据尺寸划出各水平线，如图 TYBZ00901003-6（b）所示。先划出基准线，再划出其他水平线。

（3）翻转 90°，用直角尺找正后，划出相互垂直的线，如图 TYBZ00901003-6（c）所示。

（4）将工件再翻转 90°，用直角尺在两个方向上找正，并划线，如图 TYBZ00901003-6（d）所示。

（5）划完线检查无误后，在所划的线上打出样冲眼，此时划线工作即告完毕。

3. 划线操作时应注意的事项

（1）工件夹持要稳妥，以防滑倒或移动。

（2）在一次支承中，应把需要划出的平行线划全，以免再次支承补划，造成误差。

（3）应正确使用划针、划针盘、高度游标尺及直角尺等划线工具，以免产生误差。

【思考与练习】

1. 图 TYBZ00901003-7 所示是一钻孔样板，试根据图中所标尺寸，在厚度为 1mm 的铁皮上，划出 4 个 ϕ17 孔的钻孔位置线。

2. 如图 TYBZ00901003-8 所示的绝缘子拔销钳，其控制钳嘴开合的装置为一曲线板（见图 TYBZ00901003-9），试在铁皮上画出此图样。

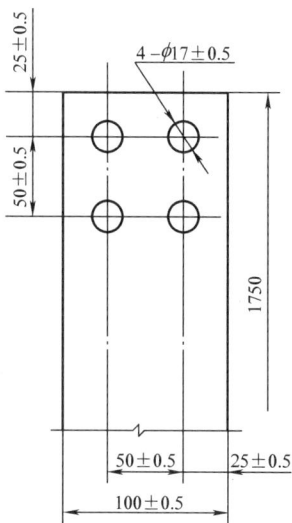

图 TYBZ00901003-7 钻孔样板的划线

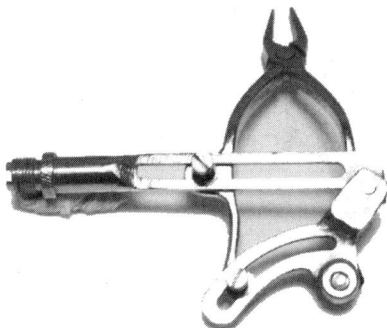

图 TYBZ00901003-8 绝缘子拔销钳

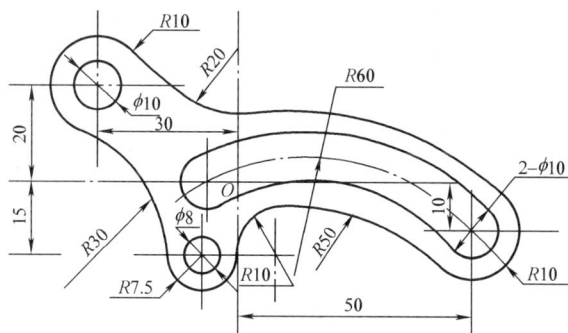

图 TYBZ00901003-9 绝缘子拔销钳曲线板

模块 4 划线时的找正和借料（TYBZ00901004）

【模块描述】本模块介绍了划线前找正操作的概念及方法、借料的概念及作用。通过对毛坯件找正实例的分析，了解找正操作的基本方法。

【正文】

一、找正

找正就是在划线操作前，根据加工要求，用划线工具检查或找正工件上有关的不加工表面，使之处于合理的位置，从而使所划线条与有关表面对中、平行或垂直，且达到被加工表面和不加工表面之间尺寸均匀、加工余量合理的目的。图

TYBZ00901004–1 所示为轴承座毛坯立体划线前的一个找正步骤。

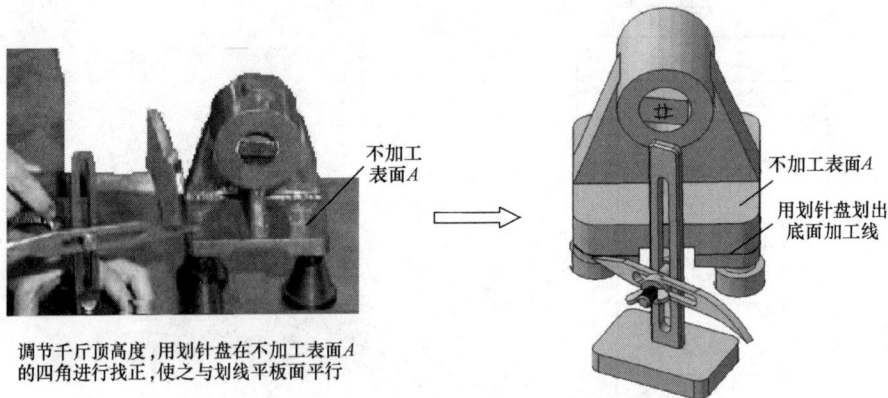

图 TYBZ00901004–1　轴承座划线前的找正

二、借料

借料操作是一种补救性的划线方法，即通过试划线把各加工面的加工余量重新合理分配，使之达到加工要求。图 TYBZ00901004–2（a）为套筒铸件毛坯，套筒内孔表面为待加工面，但由于毛坯孔的中心与外轮廓的中心不一致，显然不能以已有的毛坯孔中心为基准进行划线，否则就会产生套筒壁厚不一致，甚至无法加工的后果。

现试以借料方法进行划线。划线前，先对该毛坯进行各部位的测量与分析：从测量中可知，毛坯孔中心与轮廓中心的偏移量为 K，套筒壁最小厚度 a 比图纸要求的厚度大，说明该毛坯通过借料能达到加工要求。

经以上分析后，现以毛坯外轮廓表面为划线基准进行找正划线。划线结果如图 TYBZ00901004–2（b）所示。从中可以看出，套筒壁最小厚度 a 处还有足够的加工

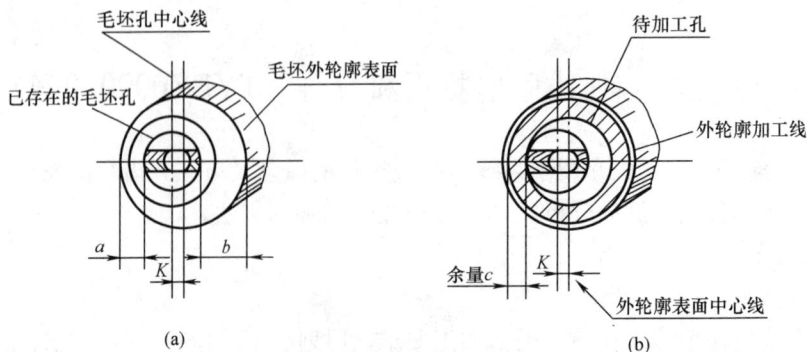

图 TYBZ00901004–2　借料操作实例

（a）以毛坯孔中心为基准划待加工孔圆线；　（b）以外轮廓表面中心为基准划待加工孔圆线

余量 c，且按此划线进行加工后，套筒薄厚基本均匀。

【思考与练习】

1. 简述找正的概念及作用。
2. 简述借料的概念及作用。

模块 5 应用分度头划线 (TYBZ00901005)

【模块描述】本模块介绍了分度头的种类及分度方法。通过分度头划线实例的讲解与演示，掌握分度头划线方法及步骤。

【正文】

一、分度头的种类

如图 TYBZ00901005-1 所示为分度头的结构组成，图 TYBZ00901005-1（a）是带顶尖的分度头，用于轴类（带中心孔）零件的机械加工（如铣键槽）；图 TYBZ00901005-1（b）是带转动卡盘的分度头，卡盘用于夹持工件，钳工等分划线主要用此分度装置。

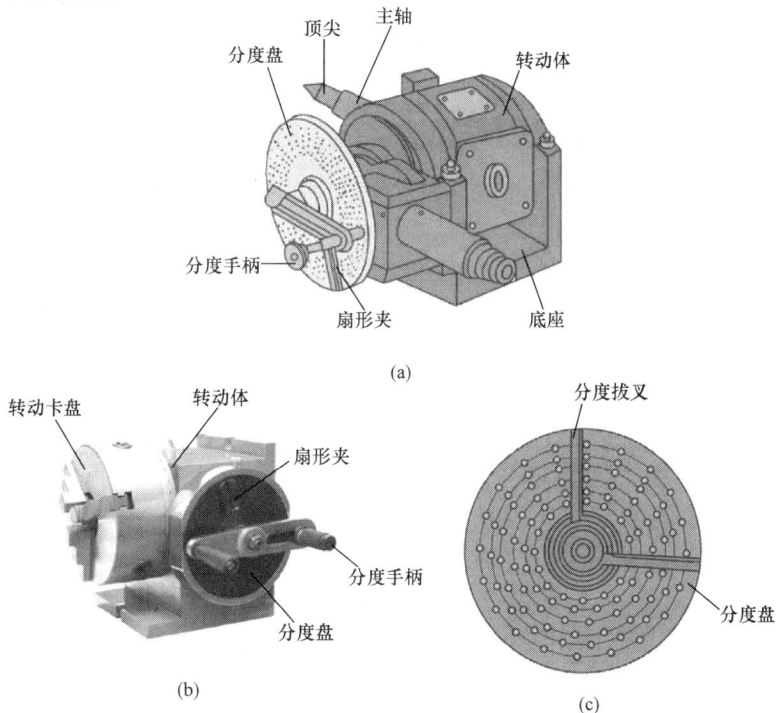

(a)

(b)

(c)

图 TYBZ00901005-1 分度头结构

（a）带顶尖的分度头；（b）带卡盘的分度头；（c）分度盘

二、分度公式

如要使工件按 z 等份分度，每次工件（主轴）要转过 $1/z$ 转，则分度头手柄所转圈数为 n 转，它们应满足的关系式为

$$n = \frac{40}{z} = a + \frac{P}{Q} \quad (z < 40) \quad\quad (\text{TYBZ00901005-1})$$

式中　n——等分 z 等份时，分度头应转过的转数；

$\quad z$——工件的等分数；

$\quad 40$——分度头定数；

$\quad a$——分度手柄的整转数；

$\quad Q$——分度盘某一孔圈的孔数；

$\quad P$——手柄在孔数是 Q 的孔圈上应摇过的孔距数。

可见，只要把分度手柄转过 $40/z$ 转，就可以使主轴转过 $1/z$ 转。

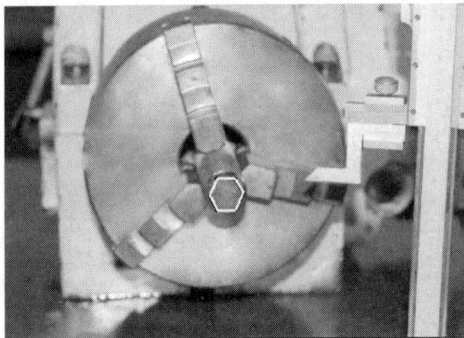

图 TYBZ00901005-2　分度头划线

如图 TYBZ00901005-2 所示，现要将圆柱体六等分（即在端面和外圆柱面上划出正六棱柱加工界线），则每划一条线，分度头手柄应转过的圈数为 $n = \frac{40}{6} = 6\frac{2}{3}$（转），即分度头每转 $6\frac{2}{3}$ 圈，可划出一条线，如此转动手柄就可将六边形在圆柱体端面上划出。

但问题是 $\frac{2}{3}$ 圈如何转，以下即为针对这一问题的详细分析。

三、分度方法

1. 简单分度法

如图 TYBZ00901005-2 所示，利用刻度盘可进行简单分度。例如要在圆柱体端面和外圆柱面上划出正六棱柱加工界线，每次将手柄摇过 $60°$，用高度尺划一条线即可。

2. 精确分度划线

如欲精确地等分度数，可利用分度盘进行分度划线。

如图 TYBZ00901005-1（c）所示的分度盘，它是分度计数的依据。在分度盘上有几圈孔数不同、等分准确的孔眼，当计算出的 n 值带有分数时，可把此分数的分母与分子同时扩大一个倍数，使分母数字和分度盘上的某一圈孔数相同，而分子数

就是手柄应摇过的孔距数。例如上例中的 $\frac{2}{3}$ 圈，可将分母与分子同时扩大 8 倍，演变为 $\frac{16}{24}$，而 24 个孔正是分度盘上一组孔圈，故只要在 24 孔圈组上，将分度手柄摇过 16 个孔距（17 个孔）即可得达到转 $\frac{2}{3}$ 圈的目的；也就是说，当每摇过 6 圈和 16 个孔距（17 个孔）后就可以划一条线，如此转动手柄，就可以划出正六边形了。如果将 $\frac{2}{3}$ 圈的分母与分子同时扩大 10 倍，演变为 $\frac{20}{30}$，而 30 孔也是分度盘上一组圈孔，故只要在 30 孔圈组上，将分度手柄摇过 20 个孔距（21 个孔），即可得到转 $\frac{2}{3}$ 圈的目的；也就是说，当每摇过 6 圈和 20 个孔距（21 个孔）后就可以划条线。类似地，还可以将分子与分母同时扩大为其他倍数。经验证明，在孔越多的孔圈组上分度，其分度精度就越高。具体分度过程如图 TYBZ00901005-3 所示。

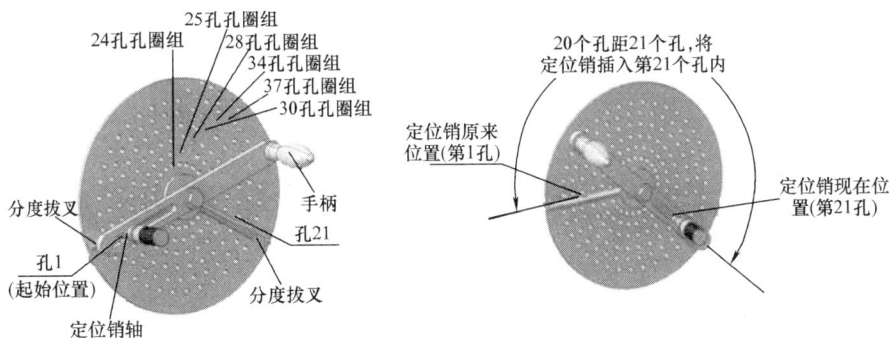

图 TYBZ00901005-3　利用分度头精确分度

【思考与练习】

1. 如何用分度头将圆柱棒料（端面）六等分？

2. 如图 TYBZ00901005-4 所示为绝缘子拔销钳拉杆接头，试利用分度头将该接头四等分。

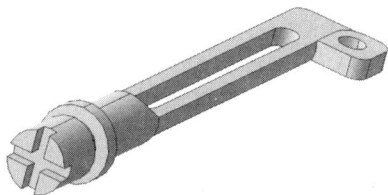

图 TYBZ00901005-4　绝缘子拔销钳拉杆接头

第二章 锯 削

模块 1 锯削工具（TYBZ00902001）

【模块描述】本模块介绍了锯削的概念及应用、锯弓、锯条构造及锯条粗细规格的选择原则。通过对手动锯削工具的讲解，掌握锯削原理及锯条选择工艺。

【正文】

一、锯削的概念及应用

用手锯对材料或工件进行切断或切槽的操作称为锯割，其应用如图 TYBZ00902001-1 所示。

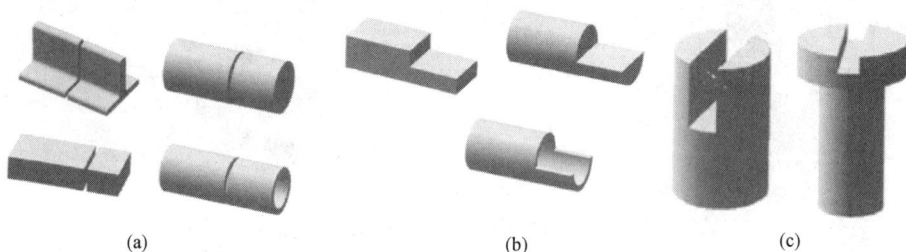

图 TYBZ00902001-1　锯削应用

（a）锯断材料；（b）去除材料；（c）切槽

二、锯削工具

1. 锯弓

如图 TYBZ00902001-2 所示，手锯由锯弓和锯条两部分组成。锯弓是用来夹持和拉紧锯条的工具，有固定式和可调式两种。

如图 TYBZ00902001-3 所示，由于可调式锯弓的前段可套在后段内自由伸缩，因此，可安装不同长度规格的锯条，应用广泛。锯条安放在固定夹头和活动夹头的圆销上，旋紧活动夹头上的翼形螺母，就可以调整锯条的松紧。

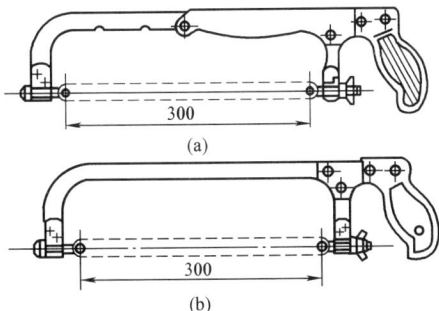

图 TYBZ00902001-2　锯弓种类

（a）固定式；（b）可调式

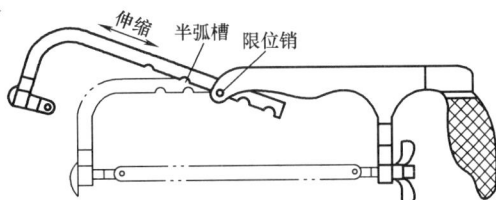

图 TYBZ00902001-3　可调式锯弓

2. 锯条

锯条规格以其两端安装孔间距表示，常用的规格为长 300mm，宽 12mm，厚 0.8mm。

（1）锯齿角度。如图 TYBZ00902001-4 所示，锯齿的后角为 40°，楔角为 50°，前角为零。

（2）锯路。锯条上的全部锯齿按一定规律左右错开，形成了如图 TYBZ00902001-5 所示的交错形（交叉形）和波浪形两种形状，即所谓的锯路。在锯割时，由于锯路宽度 S 大于锯背厚度 b，故形成的锯缝宽度也一定大于锯背的厚度，因此锯条不易被锯缝卡住（减少了夹锯现象），同时也减小了锯条本身的磨损。实践证明，除锯条折断、断齿外，锯条的磨损一般都是锯路的磨损。当锯路磨损后，其宽度不再大于锯背厚度，因而形成的锯缝宽度也不再大于锯背厚度，于是便会出现锯条与锯缝摩擦严重，锯削费力及夹锯现象，甚至将锯条折断。

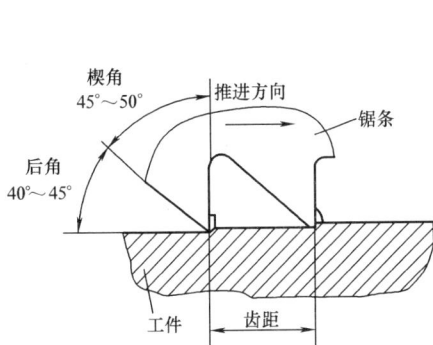

图 TYBZ00902001-4　锯齿角度

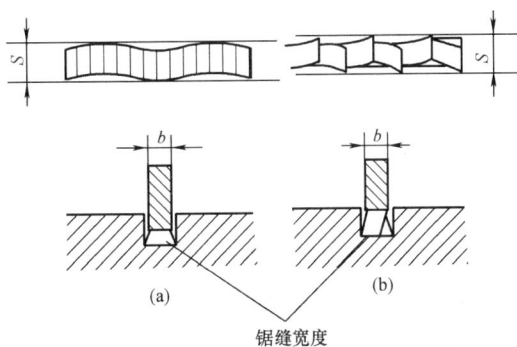

图 TYBZ00902001-5　锯路（锯齿的排列）

（a）锯齿波浪形；（b）锯齿交错形

（3）齿距。相邻两锯齿的间距称为齿距。根据齿距的大小，可将锯条分为粗齿、中齿和细齿三种，见表 TYBZ00902001-1。

表 TYBZ00902001-1　　　锯齿规格及应用

锯齿粗细	每25mm齿数	齿距	应用
粗	14～18	1.8～1.5	锯切铜、铝等软材料或厚工件
中	19～23	1.3～1.1	锯切普通钢、铸铁等中硬材料
细	24～32	1.0～0.8	锯切硬钢及薄壁工件等

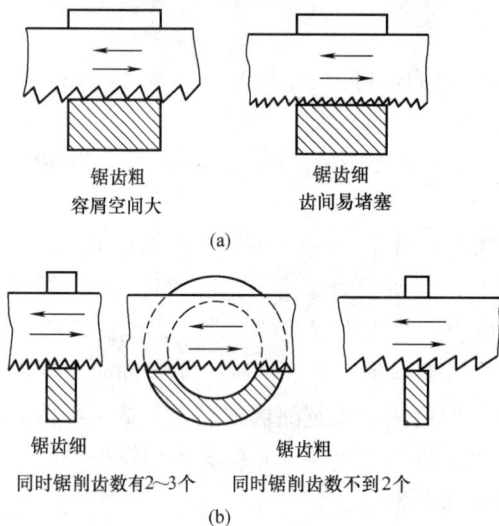

锯齿粗　　　　　　锯齿细
容屑空间大　　　　齿间易堵塞
（a）

锯齿细　　　　　　锯齿粗
同时锯削齿数有2～3个　　同时锯削齿数不到2个
（b）

图 TYBZ00902001-6　锯齿粗细的选择
（a）厚工件用粗齿；（b）薄工件用细齿

（4）锯条的选择。根据工件材料的硬度和厚度选用不同粗细的锯条，如图 TYBZ00902001-6 所示。

锯削软材料或厚工件时，锯齿容屑空间大，应选用粗齿锯条；锯硬材料和薄工件时，为防止卡锯条和减少崩齿、锯齿钝化等现象，应选用中齿甚至细齿锯条。一般情况下，粗齿锯条适合于锯削铜、铝等软金属及厚工件；细齿锯条适合于锯削硬钢、板料及薄壁管子等；而中齿锯条多用于加工普通钢、铸铁及中等厚度的工件。

【思考与练习】

1. 什么是锯路？在锯削过程中起什么作用？

2. 简述锯条粗细规格的选择原则。

模块 2　锯削方法（TYBZ00902002）

【模块描述】本模块介绍了锯削操作要领、锯削操作方法和操作注意事项。通过锯削姿势、动作等方面的描述，掌握锯削的操作技能。

【正文】

一、锯条的安装方法及检测锯条松紧力度的方法

（1）根据工件材料及厚度选择合适的锯条。

（2）将锯条安装在锯弓上，锯齿应朝前，如图 TYBZ00902002-1 所示。用力旋紧锯条，使锯条的松紧合适，以用两个手指左右扳不动锯条而又能微量地转动锯条为宜，这样锯条既有一定的弹性又有足够的张力，否则锯削时易折断锯条。锯条安装好后，应检查是否有歪斜扭曲，如有，则要纠正。

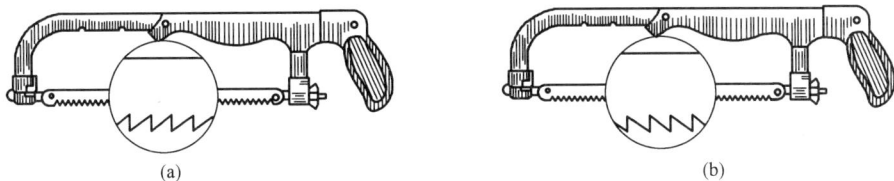

（a）　　　　　　　　　　　　　　　　　　　　（b）

图 TYBZ00902002-1　锯条安装方向

（a）正确；（b）不正确

二、锯割时工件的夹持

如图 TYBZ00902002-2 所示是零件锯割时的夹持情况，其夹持要点如下：

（1）工件应夹持在台虎钳左边，锯割线与钳口平行，距钳口铁 5～10mm。

（2）工件伸出要短，否则锯削时会颤动。

（3）工件必须夹牢靠，防止锯削时因工件移位而使锯条折断。

（4）锯割管料和软金属，特别是夹持已加工的工件表面，应使用软垫块防止夹坏工件。

三、锯削站立位置与锯削操作要领

1. 锯弓的握法

如图 TYBZ00902002-3 所示，右手握稳锯柄，左手轻扶在锯弓架的弯头处，拇指压在锯弓背上，其余四指扣住锯弓前端。锯弓的运动和锯削的压力及推力，主要由右手控制，左手协助扶持手锯。

2. 锯割站立位置

如图 TYBZ00902002-4 所示，两脚站稳，面向虎钳，站在台虎钳中心线左侧，与台虎钳的距离约为锯条全长；然后向前迈出左脚，右脚尖到左脚跟的距离约等于锯弓长。左脚与台虎钳中心线成 30°夹角，右脚与台虎钳中心线成 75°夹角。

3. 锯削操作要领

锯割前行时，身体略向前倾，自然地压向锯弓，当锯割前行至锯条全长的 2/3 时，身体随锯弓准备回程。回程时，左手把锯弓略微抬起一些，让锯条在工件上轻轻滑过，待身体回到初始位置，再准备第二次的往复。在整个锯削过程中，应保持锯缝的平直，如有歪斜应及时纠正。

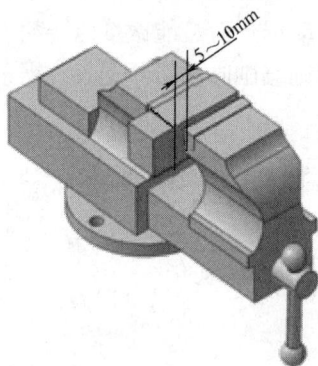

图 TYBZ00902002-2 锯割长方体

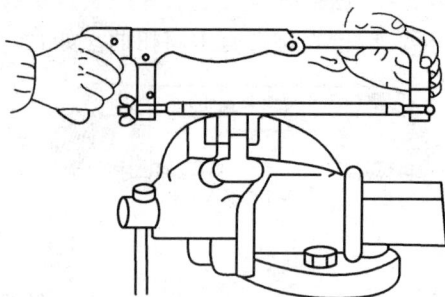

图 TYBZ00902002-3 锯弓的握持方法

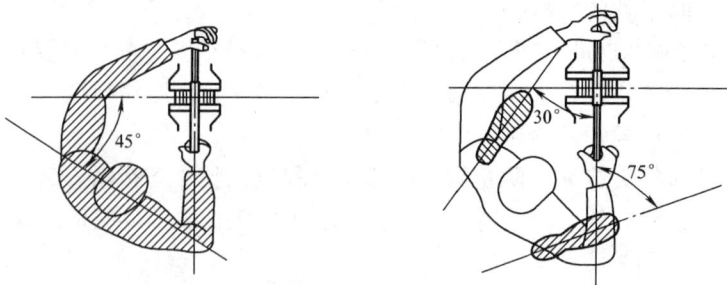

图 TYBZ00902002-4 锯割站立位置

四、起锯的方法

如图 TYBZ00902002-5 所示，起锯分为近起锯和远起锯。近起锯是从工件靠近自己的一端起锯，优点是能清晰地看见锯割线，但此法若掌握不好，锯齿容易被工件的棱边卡住而崩断；远起锯是从工件远离自己的一端起锯，由于锯齿是逐步切入工件的，所以能防止锯齿被工件棱边卡住而崩齿。无论用哪一种起锯方法，起锯角度应小于 15°，太大，锯齿会钩住工件的棱边而产生崩齿；太小或平锯，又使锯齿不容易切入材料，或因锯齿打滑而拉毛工件表面。为了平稳地起锯，应以左手大拇指靠住锯条，使之在所需的位置上起锯，刚起锯时，压力要小，往复行程要短，当锯到槽深 2～3mm 时，放开靠锯条的手，将锯弓改至水平方向正常锯削。

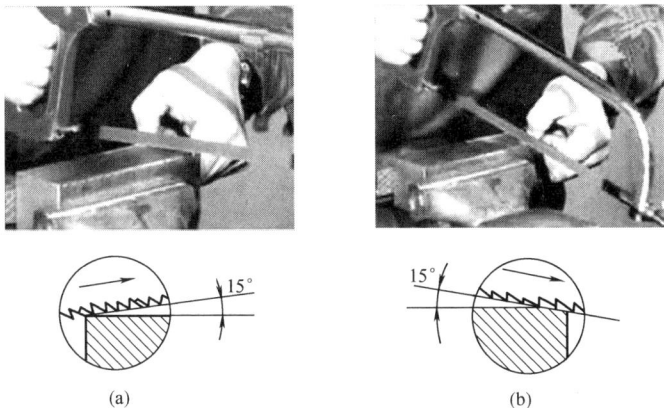

图 TYBZ00902002-5 起锯方法

（a）近起锯；（b）远起锯

五、锯割时的速度与压力

锯削硬材料时，因不容易切入，压力应大些，防止打滑。锯削软材料时，压力应小些，防止切入过深而产生咬住现象；锯削速度以 20～40 次/min 为宜，锯削软材料时可快些，锯削硬材料时要慢一些。速度过快，锯条容易磨损，过慢则效率不高；为防止锯条的中间部分过快磨钝，锯削行程应不小于锯条长度的 2/3。

六、歪斜锯缝的纠正

1. 锯割时发生锯缝歪斜的原因

（1）工件安装时，锯割线方向与铅垂线方向不一致。

（2）锯条安装过松或与锯弓平面扭曲。

（3）使用锯齿两面磨损不均的锯条。

（4）锯割压力过大，使锯条左右偏摆。

（5）锯弓未挡正或用力歪斜，使锯背偏离锯缝。

（6）在锯削过程中，发现锯缝歪斜而未及时纠正。

2. 锯缝歪斜的纠正方法

将锯弓上部向歪斜同方向偏斜，轻加压力向下锯割，利用锯齿大于锯背厚度的锯路现象，将锯缝纠正过来，待锯缝回到正确的位置上以后，及时将锯弓扶正，按正常的方法进行锯割。在锯削过程中要及时观察锯割情况，发现歪斜应及时纠正。歪斜锯缝的纠正，如图 TYBZ00902002-6 所示。

七、典型零件的锯割操作方法

1. 扁钢的锯削

锯扁钢时，应从宽面往下锯，如图 TYBZ00902002-7 所示。此法不但效率高，而且能较好地防止锯齿崩缺。反之，若从窄面往下锯，非但不经济，而且只有很少的锯齿与工件接触，工件越薄，锯齿越容易被工件的棱边卡住而折断。

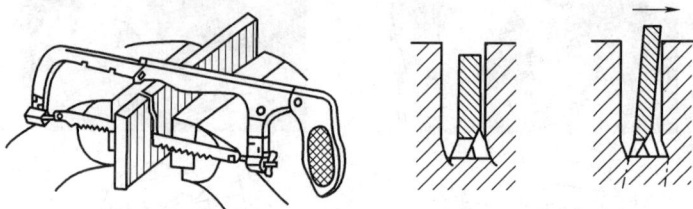

图 TYBZ00902002-6　歪斜锯缝的纠正

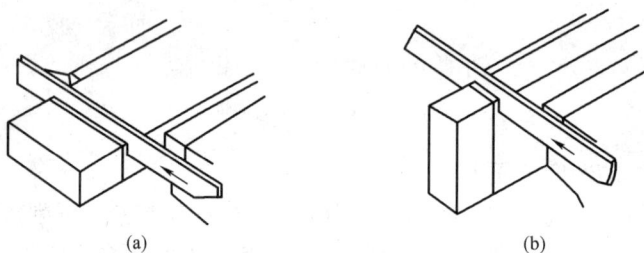

（a）　　　　　　　　　　　　　　　　（b）

图 TYBZ00902002-7　扁钢锯削

（a）正确；　（b）不正确

2. 槽钢的锯削

如图 TYBZ00902002-8 所示，锯割槽钢时，一般分三次从宽面往下锯，不能在一个面上往下锯，应尽量做到在长的锯缝口上起锯，因此工件必须多次改变夹持的位置。先在宽面上锯槽钢的一边，见图 TYBZ00902002-8（a）；再把槽钢反转夹持，锯中间部分的宽面，见图 TYBZ00902002-8（b）；最后把槽钢侧转夹持，锯槽钢另一边的宽面，见图 TYBZ00902002-8（c）。若按图 TYBZ00902002-8（d）所示，把槽钢只夹持一次锯开，一是效率低，二是在锯高而窄的中间部分时，锯齿容易折断，锯缝也不会平整，所以此方法不能采用。

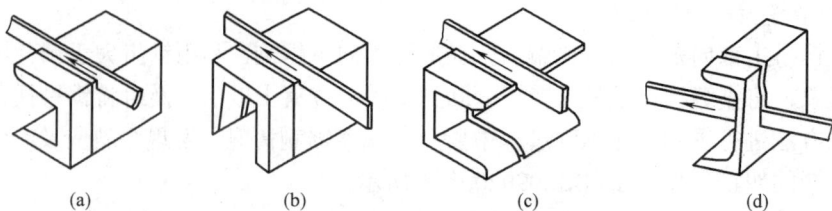

（a）　　　　　　（b）　　　　　　（c）　　　　　　（d）

图 TYBZ00902002-8　槽钢锯削

（a）先锯一边；（b）翻转后再锯第二边；（c）再翻转后锯第三边；（d）一次锯开槽钢

3. 深缝的锯削

如图 TYBZ00902002-9 所示，锯深缝时，先垂直锯，当锯缝的高度达到锯弓高度时，锯弓就会与工件相碰，此时应把锯条拆出转 90°重新安装，使锯弓转到工件的侧面，然后按原锯路继续锯削。

图 TYBZ00902002-9　深缝的锯削

4. 管材的锯削

如图 TYBZ00902002-10 所示，锯削管材时，不能从一个方向锯到底，因为锯子锯穿管材内壁后，锯齿即在薄壁上切削，由于受力集中，很容易被管壁卡住而折断。正确的方法是：当锯到管材内壁时就停锯，把管材向推锯方向转过一些，锯条依原有的锯缝继续锯削，这样不断地转锯，直至锯断为止。

5. 薄铁板的锯削

如图 TYBZ00902002-11 所示，将薄板料夹在两木块之间，连同木块夹在虎钳上一起锯削，这样增加了薄板料锯削时的刚性，防止锯齿的折断。

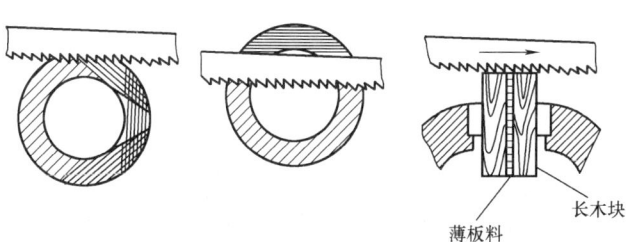

图 TYBZ00902002-10　管材的锯削　　　　图 TYBZ00902002-11　薄板的锯削

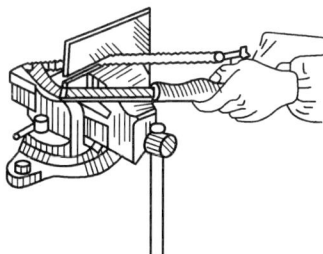

【思考与练习】

1. 薄板料、槽钢及管材如何锯削？

2. 如图 TYBZ00902002-12 所示为线路安装时用到的一塔杆挂钩，试根据零件的形状和尺寸下料锯割。

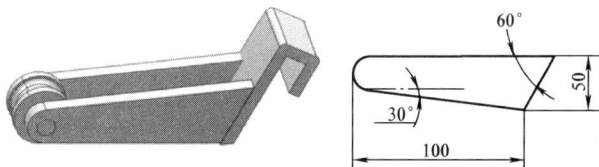

图 TYBZ00902002-12　工件下料锯割

第三章 錾 削

模块 1 錾削工具及用途（TYBZ00903001）

【模块描述】本模块介绍了錾子和手锤的结构及选用方法。通过对錾削工具和錾削过程的形象化介绍，掌握錾削的原理。

【正文】

一、錾削的概念及应用

用手锤打击錾子对金属工件进行切削加工的方法叫錾削。

錾削主要用于不便于机械加工的场合，如去除毛坯上的凸缘、毛刺，分割材料，錾削平面及沟槽等。通过錾削操作的挥锤训练，也可以提高锤击的准确性，为拆、装机械设备打下扎实的基础。

二、錾削工具

錾削时所用的工具主要是錾子和手锤。

（一）錾子

錾子是錾削时的切削刀具，由錾顶、切削部分及錾身三部分组成，如图TYBZ00903001-1 所示。现錾身多数为八棱柱体，以防止錾削时錾子转动。

錾子按用途分为平錾、槽錾和油槽錾三种，其加工范围如下所述。

（1）平錾。又称扁錾、阔錾，各部分名称如图 TYBZ00903001-2 所示。图TYBZ00903001-3 所示是平錾的加工内容，主要用于錾削平面，切断小尺寸的圆钢、扁钢及錾切薄钢板等。

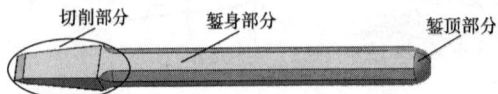

图 TYBZ00903001-1 錾子结构组成

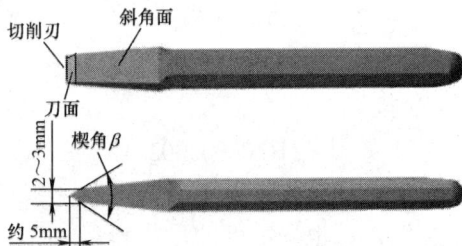

图 TYBZ00903001-2 扁錾各部分名称

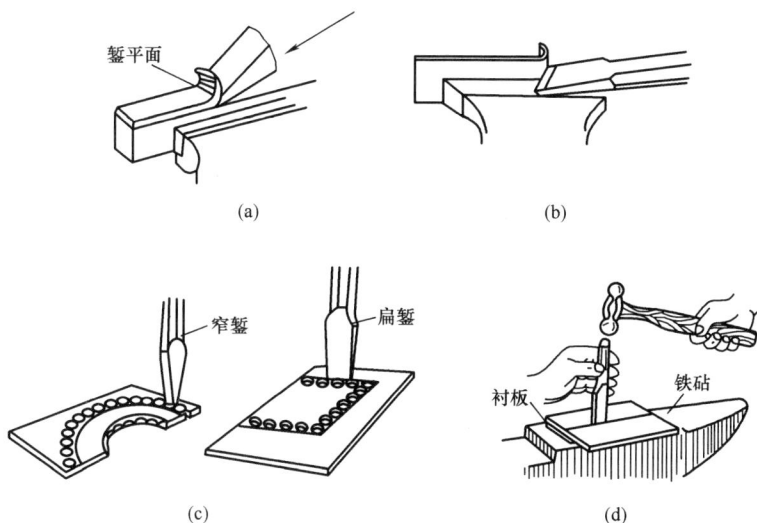

图 TYBZ00903001-3 扁鏨的加工内容

（a）鏨削平面；（b）鏨断扁钢；（c）分割板料；（d）鏨切薄钢板

（2）槽鏨。又称尖鏨、狭鏨，主要用于鏨削工件表面的沟槽、键槽和分割曲线形板料等，如图 TYBZ00903001-4 所示。

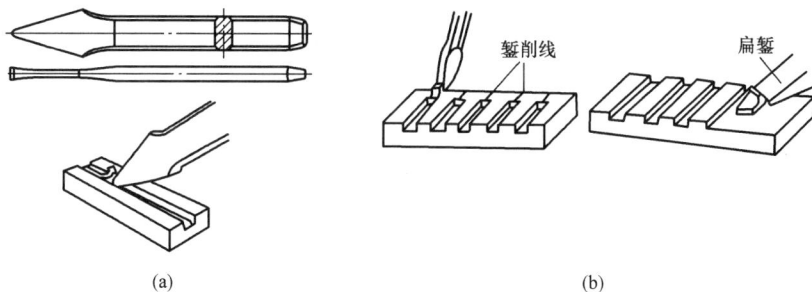

图 TYBZ00903001-4 尖鏨的用途

（a）鏨削沟槽、键槽；（b）鏨削较大平面

（3）油槽鏨。如图 TYBZ00903001-5 所示，油槽鏨主要用于鏨削油槽。

（二）手锤

1. 手锤的安装

手锤由锤头和锤柄两部分组成。锤头的质量大小用来表示手锤的规格，常用的

图 TYBZ00903001-5 錾削油槽

有 0.22、0.44、0.66、0.88、1.1kg 等几种。锤柄用坚韧的木料制成，一般选檀木的较多。手锤用锤柄长约为 300～350mm［见图 TYBZ00903001-6（a）］，锤头越重，安装的手柄越长，如 1.1kg 锤头应安装 350mm 的长锤柄。但也可根据人的小臂长度来定，如图 TYBZ00903001-6（b）所示。

安装手锤时，要使锤柄中线与锤头中线垂直；锤柄安装在锤头中必须稳固可靠，要防止脱落而造成事故。为此，装锤柄的孔应做成椭圆形。锤柄敲紧在孔中后，端部再打入楔子，见图 TYBZ00903001-6（c），这样就不易松动。锤柄也应是椭圆形，这样手握持时，手锤便不会转动，使锤击点更为准确。

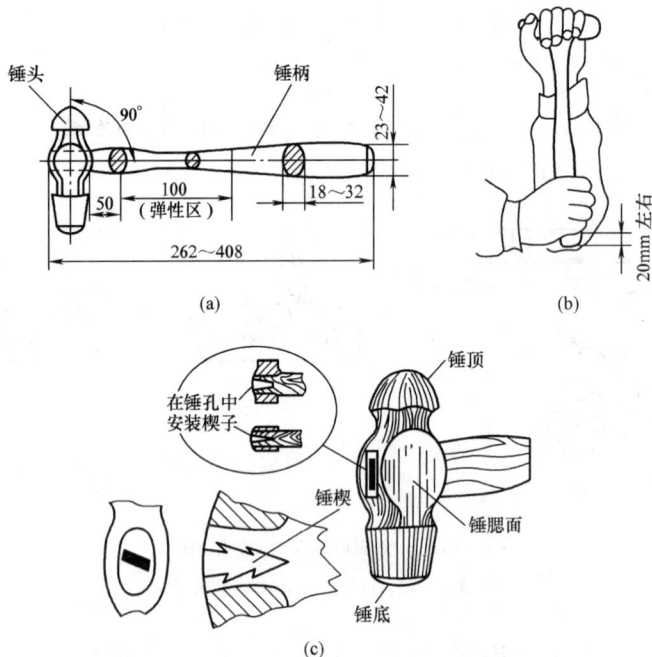

图 TYBZ00903001-6 手锤及安装简图
（a）手锤及锤柄；（b）手锤锤柄长度的确定；（c）锤头的安装

2. 手锤的握持方法

握手锤方法有紧握法和松握法两种。

（1）紧握法。此种握法是右手的食指、中指、无名指和小指紧握锤柄，大拇指贴在食指上，柄尾露出 15～30mm。在挥锤和锤击时握法始终不变。紧握法因手锤握得较死，容易将手磨破，所以很少用。手锤紧握法如图 TYBZ00903001-7（a）所示。

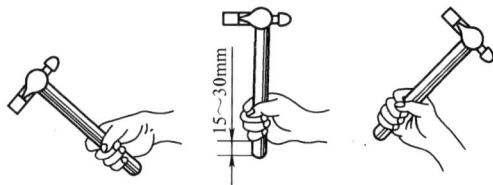

（2）松握法。此种握法是用大拇指和食指始终卡住锤柄。当手锤向后举起时（挥锤过程），逐渐放松小指、无名指和中指，自然压着锤柄。锤击过程中，将放松的手指逐渐收紧，并加速手锤运动，用力向下锤击。此法掌握熟练后，不但可以增加锤击力，而且能减轻疲劳度，所以一般采用松握法握锤。手锤松握法如图 TYBZ00903001-7（b）所示。

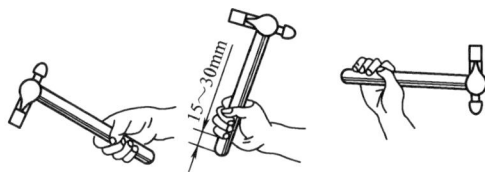

图 TYBZ00903001-7 握锤法
（a）手锤的紧握法；（b）手锤的松握法

【思考与练习】

1. 简述扁錾各部分名称。
2. 简述手锤手柄的安装方法。
3. 简述手锤的握持方法。

模块 2 錾子的淬火方法（TYBZ00903002）

【模块描述】本模块介绍了手动工具常用热处理方法。通过錾子淬火及回火热处理工艺过程的演示，掌握錾子热处理操作工艺。

【正文】

一、手动工具常用热处理方法

手动工具（如手锤、錾子、锉刀等）通常都是由碳素工具钢（如 T7、T8、T10 等）制成的，为满足使用要求，其热处理方式通常为"淬火加低温回火"或表面淬火处理。

（一）淬火

1. 淬火概念

淬火就是把钢件加热到组织相变温度以上某一温度，保温一定时间，然后在冷却介质中快速冷却的热处理工艺。通过淬火后的钢件，其硬度得到了很大提高，但其脆性也随之增加，故只进行淬火而无相应回火处理的钢件，是无法保证其使用性能的。因此，经淬火处理的零部件或工具都要经过一定方式的回火处理。

2. 淬火加热温度的判断

在实际淬火时，判断淬火时的加热温度至关重要，尤其是工具的手动淬火。若加热温度太高，淬火后，变形开裂现象严重，加热温度过高即达到"过烧"温度，材质就会发生碳析出（脱碳）现象，造成工具报废；而若加热温度太低，则会造成淬火后，材质中的大部分组织未发生变化，故达不到硬度和强度要求。手动工具淬火时的加热温度及颜色变化，如表 TYBZ00903002-1 所示。

表 TYBZ00903002-1　　　　　颜色、温度对照表

颜　色	加热温度（℃）	颜　色	加热温度（℃）
暗褐色	550	橘红色	950
褐红色	630	鲜橘红色	1000
暗红色	680	黄色	1100
暗樱桃红色	740	鲜黄色	1200
暗樱桃红色	780	黄白色	1300 以上
淡红色	810	正红色	900

3. 淬火冷却介质

淬火冷却介质通常有油、水、盐水、碱水等，其冷却能力依次增加。碳素工具钢加热至要求温度后，通常在水或盐水里冷却淬火；合金工具钢则通常在油中冷却。

对冷却介质有如下要求：

（1）冷却液必须洁净。

（2）淬火前冷却液温度约为 15～25℃。

（二）回火

回火就是将淬火后的钢件，再加热到相变温度以下某一温度，保温一定时间，然后冷却到室温的热处理工艺。钢淬火后回火的目的主要有以下三点：

（1）通过回火，减小或消除工件在淬火时产生的内应力，防止工件在使用过程中发生变形及开裂。

（2）通过回火，可提高钢件的韧性，适当调整材质的强度和硬度，使工件具有较好的综合机械性能（如强度、硬度、韧性、抗疲劳强度等）。

（3）通过回火，还可提高钢的组织稳定性，从而保证工件在使用过程中尺寸稳定。

根据使用要求回火可分为高温回火（回火加热温度为 500～650℃）、中温回火（回火加热温度为 350～500℃）及低温回火（回火加热温度为 150～250℃）。工具钢由于要得到高硬度（通常为 HRC55～HRC65）和强度，故通常采用低温回火。

二、錾子热处理工艺过程

1. 淬火过程

如图 TYBZ00903002-1 所示,将錾子切削部分约 20mm 长的一端,均匀加热到 750~780℃(见表 TYBZ00903002-1 中所示的樱红色)后,垂直地把錾子放入冷水中(浸入深度约为 4~6mm,即錾刃长度),且缓慢移动錾子进行淬火。若静止不动,则会由于淬火部分与不淬火部分界线太明显,使得淬火后的錾子在使用过程中,很容易在分界处产生脆断。

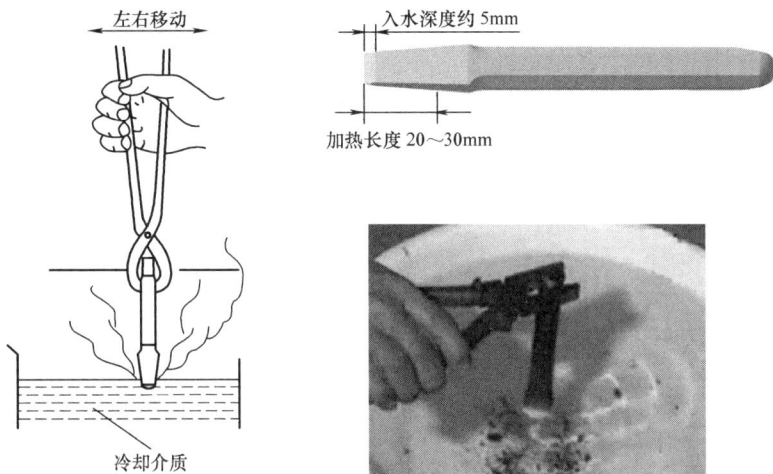

左右移动
入水深度约 5mm
加热长度 20~30mm
冷却介质

图 TYBZ00903002-1 錾子热处理过程

2. 錾子的回火过程

在移动錾子进行淬火的同时,当观察到錾子露出水面的部分由红色变为黑色时,应将錾子从水中取出,迅速去除污物和氧化皮(利用錾子上部余热,对錾刃部分进行回火处理)。其具体做法是:将从水中取出的錾子,在事先准备好的细砂轮或砂纸上,摩擦几下(动作要快),仔细观察刃口颜色变化(随回火温度的降低,刃口颜色由白而黄,由黄而紫,由紫而蓝);当刃口出现黄色时,将整个錾子全部没入水中(此现象称为淬"黄火","黄火"錾錾刃硬度高但脆性大,錾削时,刃口易崩豁,甚至断裂);当刃口出现蓝色时,将整个錾子全部没入水中(此现象称为淬"蓝火","蓝火"錾錾刃硬度过低,錾削时,刃口易卷刃)。最理想的情况是,当黄色褪去、紫色出现时,立即将整个錾子放入水中(因紫色出现时间很短,若不及时把錾子投入水中,将会出现蓝色,即成为上述的"蓝火"),此时经淬火后的錾子不但具有较高的强度和硬度,而且具有较好的抗冲击韧性。

【思考与练习】

1. 简述錾子的淬火及回火全过程。
2. 如何通过颜色变化判断淬火时的加热温度。

模块 3　錾子刃磨方法（TYBZ00903003）

【模块描述】本模块介绍了錾子的刃磨方法。通过对錾子刃磨操作过程的讲解，掌握錾子的刃磨方法、要求及砂轮机的安全使用方法。

【正文】

一、錾子的刃磨

1. 刀具刃磨总体要求

（1）切削刃平直、对称、锋利，无崩豁、裂纹现象出现。

（2）磨出正确的切削（工作）角度。

（3）刀具的刃长、切削面大小符合要求。

（4）切削面（工作面）平整、对称、光滑，无多棱面现象出现。

（5）刀具的握持或夹持部分，形状正确，便于夹持或握持；避免裂纹、毛刺、掉块等现象出现。

2. 楔角的概念

如图 TYBZ00903003-1 所示，錾子的切削刃是由两刃面（前刀面和后刀面）形成的，两刃面之间的夹角称为楔角，以 β 表示。楔角小，錾子刃口锋利，但强度较差，容易崩裂；楔角大，錾子强度好，但錾削阻力大，不易切削。楔角大小应根据工件材料的软硬程度来选择，一般情况下，錾削脆性、硬性的材料（如硬钢、铸铁）时，楔角要大些；錾削较软材料（如低碳软钢或有色金属等）时，楔角要小些。錾硬材料，楔角为 $60° \sim 75°$；錾中性材料，楔角为 $50° \sim 60°$；錾铜、铝，楔角为 $30° \sim 50°$。

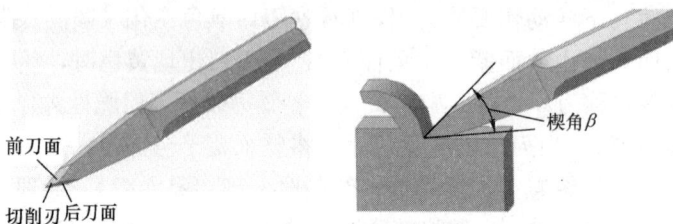

前刀面　切削刃后刀面　楔角β

图 TYBZ00903003-1　錾子楔角

3. 錾子的刃磨要求

錾子刃磨除了要符合上述刀具刃磨的总体要求外，还应做到以下几点：

（1）根据被加工材料，正确选择錾子的楔角。

（2）切削刃的宽度约为 5mm。

（3）切削刃与錾子的几何中心线垂直，且应在錾子的对称平面上。

（4）除符合上述刃磨要求外，尖錾的切削刃长度应与槽宽相对应，两个侧面间的宽度应从切削刃起向柄部逐渐变窄，以避免錾子在錾槽时被卡住，同时保证槽的侧面能錾削平整。

（5）对于未磨过的毛坯錾子，应修整斜角面及錾子两侧面，达到平整、光洁及角度要求。

（6）錾顶如果出现凸凹不平现象、"蘑菇头"现象及毛刺、飞边堆积现象，必须在砂轮上修整至要求形状。

刃磨扁錾时，常出现的刃磨错误现象如图 TYBZ00903003-2 所示。

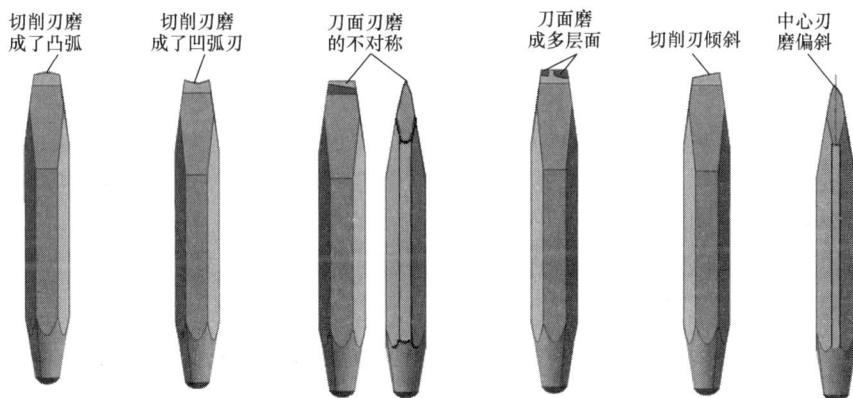

图 TYBZ00903003-2　錾子常出现的刃磨缺陷

二、砂轮机及操作注意事项

砂轮机主要用于修磨刀具和工具，如修磨钻头、錾子、划规、样冲等。其种类一般可分为普通式砂轮机和吸尘式砂轮机两种，见图 TYBZ00903003-3。

1. 砂轮机操作前的准备工作

（1）检查砂轮机托架与砂轮片的间隙，最大不得超过 3mm；托架的高度应调整到使工件的打磨处与砂轮片中心处在同一平面上。

（2）检查电源线是否破皮。

（3）检查砂轮机各零部件是否完好，螺栓、螺母是否紧固可靠，特别是砂轮是否有裂纹等缺陷。

（4）操作人员应戴好防护眼镜。

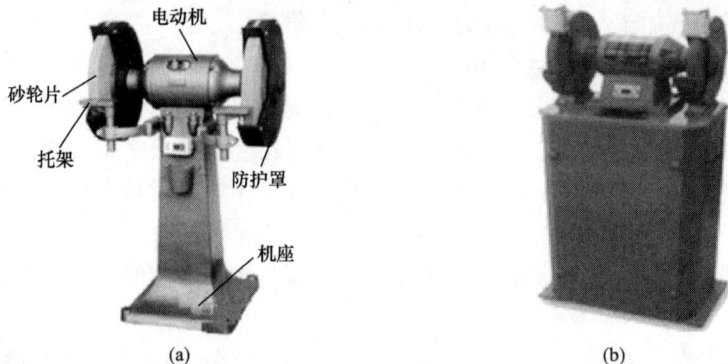

(a) (b)

图 TYBZ00903003-3 砂轮机的构造及种类

(a) 普通式砂轮机；（b）吸尘式砂轮机

2. 砂轮机操作注意事项

（1）启动砂轮机观察其运行情况。采取"听、看、闻"等手段检查砂轮机运行情况，即当砂轮旋转后，听其有无异常声响，如有撞击声、尖叫声等异常声音应立即停机处理；砂轮旋转起来后，看砂轮转向是否正确，砂轮机各机件振动及砂轮振摆情况是否正常等，如有异常应立即停机处理；闻有无异常味道（如焦煳味等），如有异常应立即停机处理。

（2）砂轮机刚启动时，不可急于投入使用，应待砂轮转速达到正常值时，再进行磨削操作。

（3）操作时，手切忌碰到砂轮片，以免磨伤手。

（4）砂轮正面不准站人，操作者要站在砂轮的侧面。

（5）不得两人同时使用一个砂轮片；不得在砂轮片的侧面磨削；不得用砂轮机打磨软金属、非金属以及大工件。

（6）保持砂轮侧面与防护罩内壁间 20～30mm 以上间隙。

（7）磨削操作时，用力不得过大，工具应拿稳，防止在砂轮片上跳动。

（8）砂轮机运转过程中发生异常应立即停机或切断电源。

（9）使用完毕后，将砂轮机开关置于停止位置，然后拔掉电源插头。

（10）将砂轮机上的灰尘擦拭干净，保持整洁。

3. 砂轮机的维护与保养

（1）保持机台清洁干净。

（2）经常保持排尘孔通畅。

（3）安装砂轮时，砂轮与两侧板之间应加柔软垫片，严禁猛击螺母。

（4）砂轮片的有效半径磨损到原半径的 1/3 时，必须更换。

三、錾子的刃磨方法

錾子的刃磨方法如图 TYBZ00903003-4 所示，具体刃磨过程如下所述：

（1）刃磨錾子时，操作者应站在砂轮机左侧，用右手大拇指和食指捏住錾子的前端，左手拿稳錾身，在旋转着的砂轮轮缘上进行刃磨。

（2）刃磨时，必须使切削刃高于砂轮水平中心线，在砂轮全宽上左右平稳、均匀地移动，并要控制錾子的方向、位置，保证磨出所需的楔角值。

（3）刃磨时，施加在錾子上的压力应适中，不宜太大或太小。若施加压力过大，錾子势必抖动，刃磨时产生振痕，也易出现多棱面；若施加压力过小，则表面不易磨平，磨削效率低。

（4）刃磨錾刃时，要经常蘸水，防止錾刃退火。

（5）錾子刃磨后，可用专用样板检查其刃磨质量，如图 TYBZ00903003-5 所示。

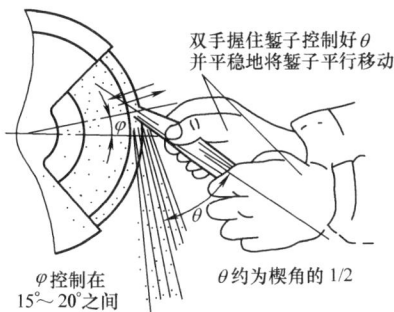

图 TYBZ00903003-4　錾子的刃磨方法　　　　图 TYBZ00903003-5　用样板检查刃磨质量

【思考与练习】

1. 简述錾子的刃磨要求。

2. 简述錾子的刃磨操作过程。

模块 4　錾削方法（TYBZ00903004）

【模块描述】本模块介绍了錾削操作要领。通过对錾削操作过程的描述，掌握挥锤及錾削方法。

【正文】

一、錾削姿势及挥锤方法

1. 站立姿势

正确的站立姿势是为了在錾削时便于用力，且全身不易产生疲劳。通常，左脚向前半步，右脚在后，两脚之间距离约为一锤柄长，重心置于左脚，稳定地站在虎钳的近旁；腿不要过分用力，左膝盖稍微弯曲，右腿站稳伸直，两脚站成"V"形；头部不要探前或后仰，应面向工件，目视錾子刃口，具体站立姿势如图 TYBZ00903004–1 所示。

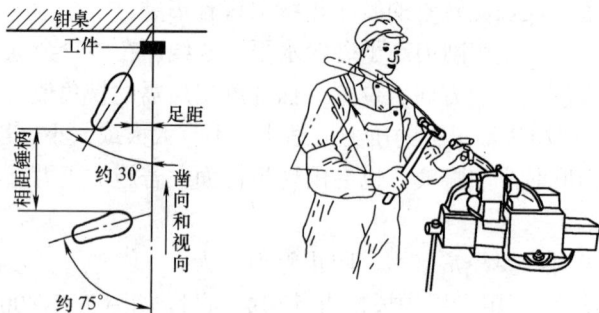

图 TYBZ00903004–1 錾削姿势

2. 挥锤方法

挥锤方法有腕挥、肘挥和臂挥三种，如图 TYBZ00903004–2 所示。腕挥法通常使用于錾削初始及收尾阶段；肘挥运用最广，适用于錾削平面及开槽；臂挥主要用于錾断金属及开脱螺母。

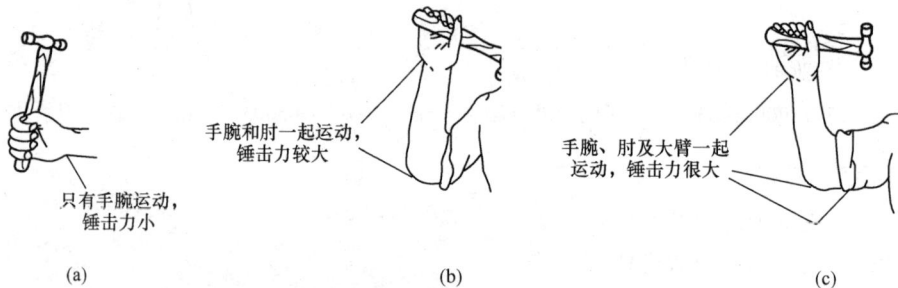

图 TYBZ00903004–2 挥锤方法

(a) 腕挥；(b) 肘挥；(c) 臂挥

3. 挥锤錾削动作要领

（1）提锤。提肩收肘，将手锤提起至肩部以上；手腕后翻，松握锤柄；锤面向上。

（2）挥锤。视线落向錾刃及被錾削部位，收紧锤柄，手腕加力，手锤在铅垂面内划出弧线（手臂不要外撇，手锤不可沿斜向落下），直击錾顶。

（3）击锤要求。挥锤频率约为 40 次/min；击锤有力，准确度高；不能有点锤现象（先用手锤轻点錾顶瞄准，再用力击锤）。

二、錾削操作要领

1. 錾子的握法

（1）正握法。如图 TYBZ00903004–3（a）所示，手心向下，用虎口夹住錾身，大拇指与食指自然伸开，其余三指自然弯曲、靠拢，握住錾身，錾子顶部露出虎口 10～15mm（露出过长，錾子容易摆动，影响锤击的准确度）。握錾松紧应适度，以操作灵活，不易疲劳为准。这种握錾方法是基本方法，适用于錾削平面。

（2）反握法。如图 TYBZ00903004–3（b）所示，手心向上，手指自然捏住錾身，手心悬空。这种握法适用于錾削小量的平面或侧面。

（3）立握法。如图 TYBZ00903004–3（c）所示，虎口向上，大拇指放在錾子一侧，其余四指在另一侧捏住錾子。这种握法适用于垂直錾削，如在铁砧上錾断材料。

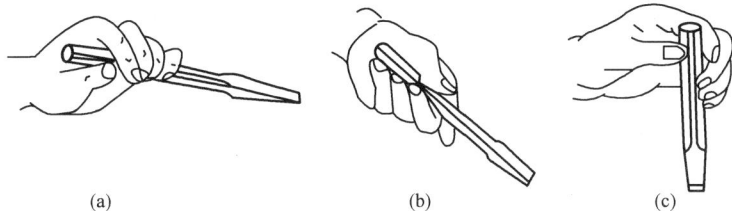

(a)　　　　　　　　　(b)　　　　　　　　　(c)

图 TYBZ00903004–3　握錾方法

（a）正握法；（b）反握法；（c）立握法

2. 平面錾削操作要领

（1）起錾及终錾方法。平面錾削时，一般采用斜角起錾法（如图 TYBZ00903004–4 所示），即开始錾削时，应从工件右尖角处轻轻起錾，錾子首先右斜 45°，然后錾顶向下倾斜约 30°，待錾刃切入 0.5～1.5mm 厚度时，将錾顶抬起至要求的錾削后角，便可继续錾削。当錾削工件至尽头（錾刃距工件尽头约 10mm）时，应调头錾去余下部分，否则工件边缘将会崩裂（如图 TYBZ00903004–5 所示）。

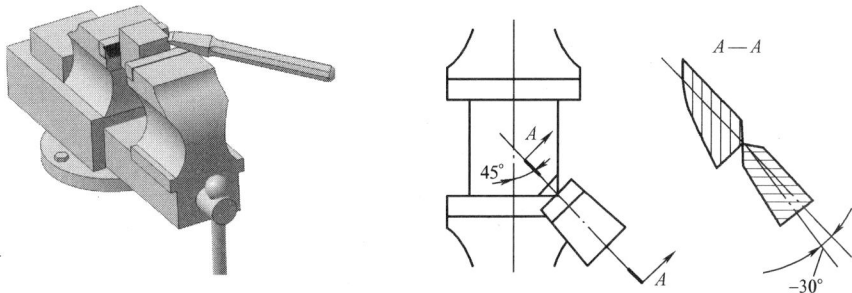

图 TYBZ00903004–4　起錾方法

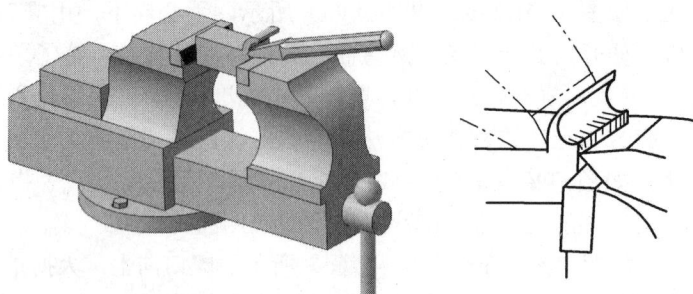

图 TYBZ00903004–5　终錾方法

（2）錾削厚度。当确定錾削余量并划出錾削加工界线后，应分层（分次）錾削，每层（每次）錾削厚度一般为 0.5～1.5mm。

（3）錾削后角。如图 TYBZ00903004–6 所示，錾削时，錾子后刀面与切削平面（经过切削刃上一点与切削表面相切的平面）之间的夹角称为錾削后角（用 α 表示），錾削后角一般取 5°～8° 为宜，且在錾削过程中应保持不变。

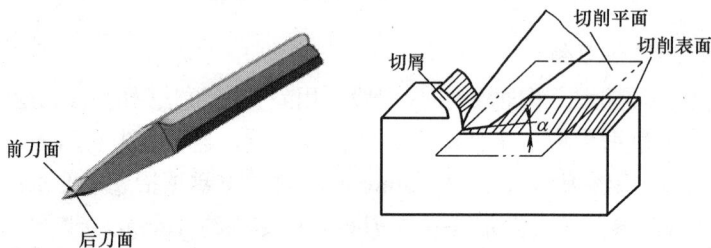

图 TYBZ00903004–6　錾削后角

3. 板料的錾切方法

对于较薄的板料（一般厚度小于 5mm），用錾切的方法进行分割是一种方便快捷的方式，图 TYBZ00903004–7 所示是用錾子分割板料的具体方法。

4. 錾削安全技术

（1）不使用锤柄开裂和松动的手锤。

（2）錾削时，不准戴手套，并戴好防护眼镜。

（3）不要正对着人进行錾削，以防錾屑飞出伤人。

（4）錾子头部发现有毛刺时，应及时磨掉。

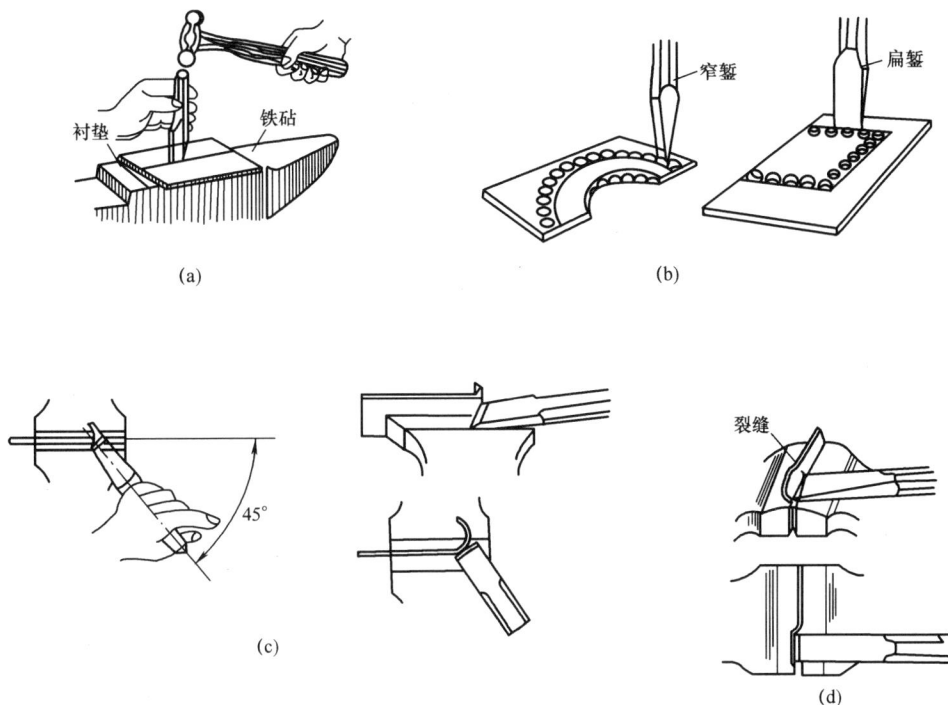

图 TYBZ00903004-7　薄板料的錾切方法

（a）在铁砧上分割板料；（b）先钻孔再用錾子分割板料；

（c）在虎钳上正确錾切板料的方法；（d）错误的錾切板料的方法

【思考与练习】

1. 简述挥锤操作要领。

2. 简述平面錾削操作要领。

3. 简述薄板的錾削方法。

第四章 锉 削

模块 1 锉刀及选用（TYBZ00904001）

【模块描述】本模块介绍了锉刀的构造、种类及规格。通过对锉刀构造及应用实例的描述，掌握在不同锉削要求的情况下正确选用锉刀的方法。

【正文】

一、锉削的概念及应用

锉削就是用锉刀从工件表面上锉掉一层金属，使其达到图纸技术要求的一种加工方法。锉削能达到的尺寸公差等级为 IT7～IT8，表面粗糙度 Ra 为 0.8～1.6μm，因此，在实际工作中有较为广泛的应用。利用锉削操作可以加工各种内外表面、曲面及特形面，常用于样板、模具制造和机器的装配、调整和维修等。

二、锉刀的构造、种类、规格

1. 锉刀构造

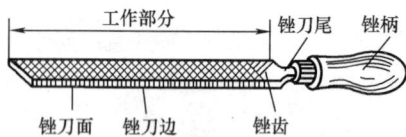

图 TYBZ00904001-1 锉刀构造

如图 TYBZ00904001-1 所示，锉刀由锉刀面、锉刀边、锉刀尾、锉齿和锉柄等部分组成，即锉刀由工作部分和锉柄组成。

（1）锉刀面。它是锉刀的主要工作面。在纵长方向上呈凸弧形，其目的是防止热处理变形后，不至于使某一锉刀面变凹，以及抵消锉削时因锉刀上下摆动而产生工件中凸现象，保证工件能锉得平整。

（2）锉刀边。是锉刀的两侧面，一边有齿，一边没有齿，没有齿的边叫安全边或光边。

（3）锉刀尾。是锉刀的锥部，用以插入锉柄中，锉削时便于握持及传递推力。

（4）锉齿。锉齿是在剁锉机上剁出的，其形状及锉削原理如图 TYBZ00904001-2 所示。在锉削过程中，通过对工件施加压力和与工件产生的摩擦，把切屑从工件上切下来。

锉刀的齿纹多制成双纹，锉削时，每个齿的锉痕交错而不重叠，锉面比较光滑，锉削时切屑是碎断的，比较省力，锉面不易堵塞，锉齿强度也高，适于锉硬材料。

2. 锉刀的种类

钳工所用的锉刀按其用途不同，可分为普通钳工锉、异形锉和整形锉三类。

普通钳工锉按其断面形状不同，分为平锉（板锉）、方锉、三角锉、半圆锉和圆锉五种，其中平锉应用最多，如图 TYBZ00904001–3 所示。

图 TYBZ00904001–2 锉削原理

异形锉是用来锉削工件特殊表面用的，有刀口锉、菱形锉、扁三角锉、椭圆锉、圆肚锉等，如图 TYBZ00904001–4 所示。

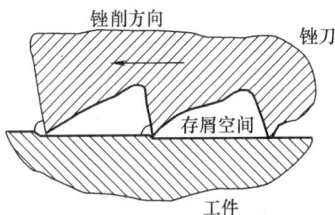

图 TYBZ00904001–3 普通钳工锉断面形状   图 TYBZ00904001–4 异形锉的断面形状

整形锉又叫什锦锉或组锉，如图 TYBZ00904001–5 所示，因分组配备各种断面形状的小锉而得名，主要用于修整工件上的细小部分。

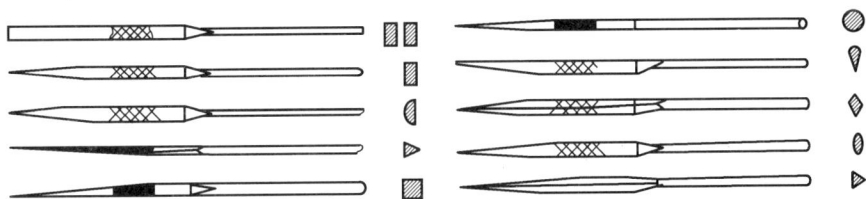

图 TYBZ00904001–5 整形锉

3. 锉刀的规格

锉刀的规格分尺寸规格和齿纹粗细规格。

（1）尺寸规格。不同锉刀的尺寸规格用不同的参数表示，圆锉刀的尺寸规格以直径表示；方锉刀的尺寸规格以方形尺寸表示；其他锉刀则以锉身长度表示。钳工常用的锉刀有 100、125、150、200、250、300、350、400mm 等几种。

（2）粗细规格。按 GB 5805—1986 规定，以锉刀每 10mm 轴向长度内的主锉纹条数来表示，共分五个等级：1 号锉纹为粗齿锉刀；2 号锉纹为中齿锉刀；3 号锉纹为细齿锉刀；4 号锉纹为双细齿锉刀；5 号锉纹为油光锉。

三、锉刀的选用

锉削前必须正确地选择锉刀，每种锉刀都有一定的用途，如果选择不当，就不能充分发挥它的效能，甚至会过早地丧失其切削能力。锉刀选择主要分为锉刀断面形状选择和锉刀粗细规格选择。

1. 锉刀断面形状选择

应根据被锉削工件表面形状和大小选用锉刀的断面形状和长度。锉刀形状应适应工件加工表面形状，如图 TYBZ00904001-6 所示。

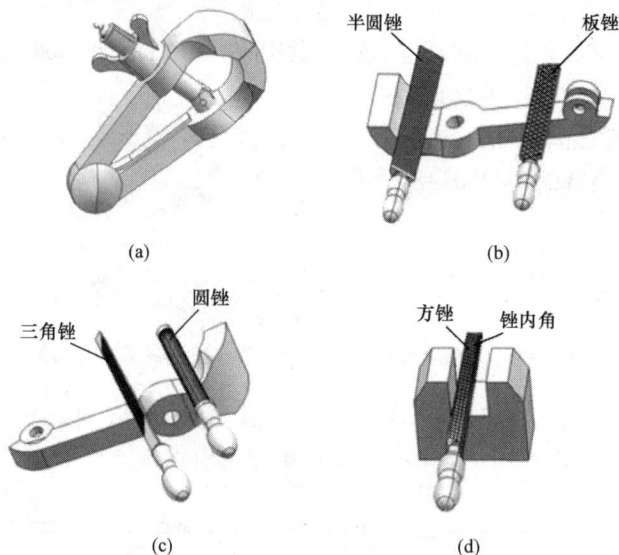

图 TYBZ00904001-6　常用锉刀的应用实例
（a）手虎钳；（b）板锉及半圆锉的应用；（c）圆锉及三角锉的用法；（d）方锉的用法

2. 锉刀粗细规格的选择

锉刀的粗细规格选择，决定于工件材料性质、加工余量大小、加工精度和表面粗糙度要求的高低。粗锉刀由于齿距较大不易堵塞，一般用于锉削铜、铝等软金属及加工余量大、精度低和表面粗糙度高的工件；而细锉刀则用于锉削钢、铸铁以及加工余量小、精度要求高和表面粗糙度低的工件；油光锉用于最后修光工件表面。

各种粗细规格的锉刀适宜的加工余量和所能达到的加工精度和表面粗糙度，如表 TYBZ00904001-1 所示，供选择锉刀粗细规格时参考。

表 TYBZ00904001-1　　　　　锉刀粗细规格的选择

锉纹号	锉齿	适　用　场　合			
		加工余量（mm）	尺寸精度（mm）	粗糙度 Ra（μm）	应　用
1	粗	0.5～1	0.2～0.5	100～25	适于粗加工或有色金属

续表

锉纹号	锉齿	适 用 场 合			应 用
		加工余量（mm）	尺寸精度（mm）	粗糙度 Ra（μm）	
2	中	0.2～0.5	0.05～0.2	25～6.3	适于粗锉后加工
3	细	0.1～0.3	0.02～0.05	12.5～3.2	锉光表面或硬金属
4	双细	0.1～0.2	0.01～0.02	6.3～1.6	精加工
5	油光	0.1 以下	0.01	1.6～0.8	修光表面

【思考与练习】

1. 简述锉刀的构造。

2. 简述锉刀的种类及相应规格。

3. 简述锉刀的选用原则。

模块 2 锉削方法（TYBZ00904002）

【模块描述】 本模块介绍了锉刀的使用方法。通过对锉刀的握法、锉削的姿势、锉削力的运用等工艺过程的描述，掌握平面锉削的要领，了解曲面锉削方法。

【正文】

一、锉刀柄的装卸

1. 锉刀柄的安装

锉刀必须可靠地装上锉刀柄后方能使用。

图 TYBZ00904002-1 说明了锉刀柄的安装过程，即右手将锉刀舌轻轻镦入锉刀柄中，镦入长度约等于锉刀尾长度的 3/4 即可，镦入后应检查铁箍的牢固性。

2. 锉刀柄的拆卸

将锉刀柄孔端搁在台虎钳钳砧座边缘或台虎钳钳口边缘进行撞击，利用惯性将锉刀柄卸下，如图 TYBZ00904002-2 所示。

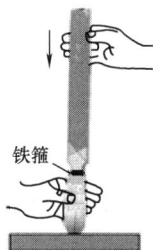

图 TYBZ00904002-1 锉刀柄安装

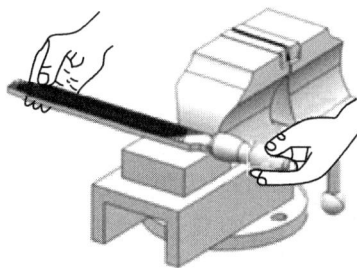

图 TYBZ00904002-2 锉刀柄拆卸

二、锉刀的握法

1. 锉刀的基本握法

如图 TYBZ00904002-3（a）所示，锉刀柄顶端顶在右手拇指根部的手掌处，大拇指压在锉刀柄的侧上方，其余四指由下而上自然弯曲，握着锉刀柄。锉刀尖放入左手掌（位置靠近左手拇指根部），用食指、中指、无名指捏住锉刀尖，大拇指与小指自然并拢。

锉刀的基本握法比较适合于较大锉刀的握持。

2. 中、小型锉刀的握法

中、小型锉刀右手握法与大锉刀相同，不同的是左手的握持方法。

通常左手持锉位置应根据锉削用力轻重而异，用较大压力锉削时，左手大拇指的根部放在锉刀尖上，其余四指弯曲后放在下面（即用左手用力捏住锉刀），如图 TYBZ00904002-3（b）所示；用较小压力锉削时，左手除大拇指外，其余四指可压在锉刀面上，如图 TYBZ00904002-3（c）所示；用轻微压力锉削时，可不用左手持锉刀，只用右手食指压在锉刀上面即可，如图 TYBZ00904002-3（d）所示。

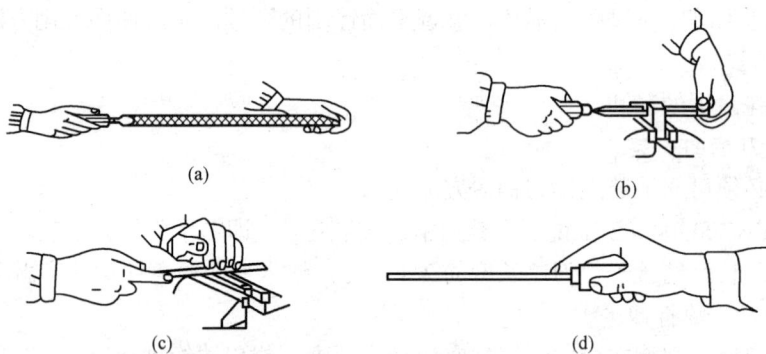

图 TYBZ00904002-3 锉刀的握持方法

(a) 锉刀的基本握持方法； (b) 中型锉刀的握持方法； (c) 小型锉刀的握持方法；
(d) 整形锉刀的握持方法

三、平面锉削要领

1. 锉削时的站立位置

如图 TYBZ00904002-4 所示，两脚立正面向虎钳，站在虎钳中心线左侧，与虎钳的距离按大小臂垂直、端平锉刀、锉刀尖部能搭放在工件上来掌握。迈出左脚，迈出距离从右脚尖到左脚跟约等于锉刀长，左脚与虎钳中线约成 30°，右脚与虎钳中线约成 75°。

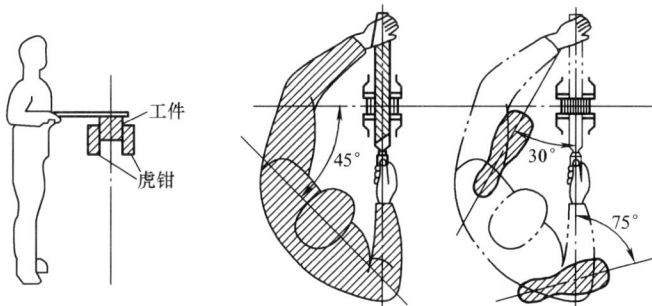

图 TYBZ00904002-4　锉削站立位置

2. 锉削姿势

如图 TYBZ00904002-5 所示，锉削时，身体要保持平衡，重心放在左脚，右膝伸直，脚始终站稳不动，靠左膝的屈伸作往复运动。其具体过程如下：

（1）锉削运动是身体和手臂运动的合成。开始锉削时，身体要向前倾斜 10°左右，右肘尽可能收缩到后方。

（2）锉刀向前推进 1/3 时，身体前倾至 15°左右，这时左膝稍弯曲。

（3）锉刀再推进 1/3 时，身体渐倾斜至 18°左右。

（4）最后 1/3 行程，用右手腕将锉刀继续推进，身体随着锉刀的反作用力退回到初始位置。

锉削全程结束后，将锉刀略提起一些，把锉刀拉回，准备第二次锉削，如此反复进行。

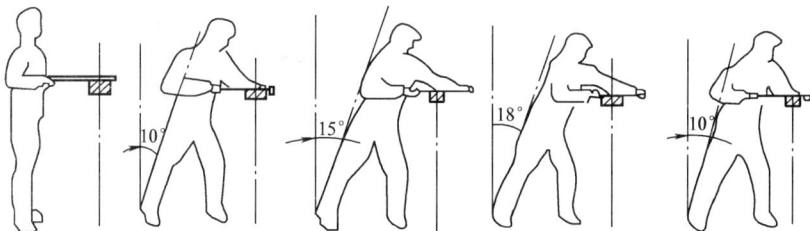

图 TYBZ00904002-5　锉削过程分解

3. 锉削力的运用

（1）锉削力矩平衡。保证锉削表面平直的关键在于锉削力矩的平衡，即始终保持锉刀在推进过程为水平直线运动。因此，推锉时，两手用在锉刀上的力应随着锉刀的推进不断变化。即左手压力由大到小，右手压力由小到大，使两手压力对工件中心的力矩相等，如图 TYBZ00904002-6 所示。

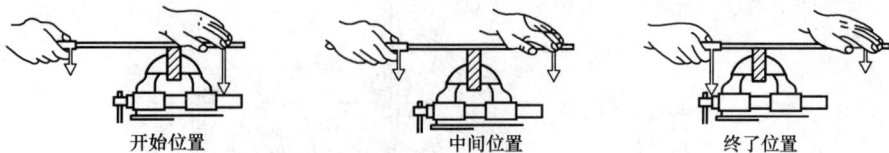

图 TYBZ00904002-6　锉削力的变化

（2）锉削速度。锉削速度最好控制在 30～40 次/min 左右，太快，容易疲劳，而且会加快锉齿磨损。

4. 平面锉削的方法

（1）顺锉法。如图 TYBZ00904002-7（a）所示，顺锉法是顺着同一方向对工件进行锉削，它是锉削的基本方法，其特点是锉纹顺直，较整齐美观，可使表面粗糙度变细。

（2）交叉锉法。如图 TYBZ00904002-7（b）所示，交叉锉法是从两个方向交叉对工件进行锉削，其特点是锉面上能显示出高低不平的痕迹，以便把高处锉去。用此法较容易锉出准确的平面。

（3）推锉法。如图 TYBZ00904002-7（c）所示，推锉法是两手横握锉刀身，平稳地沿工件表面来回推动进行锉削，其特点是切削量少，降低了表面粗糙度，一般用于锉削狭长表面。

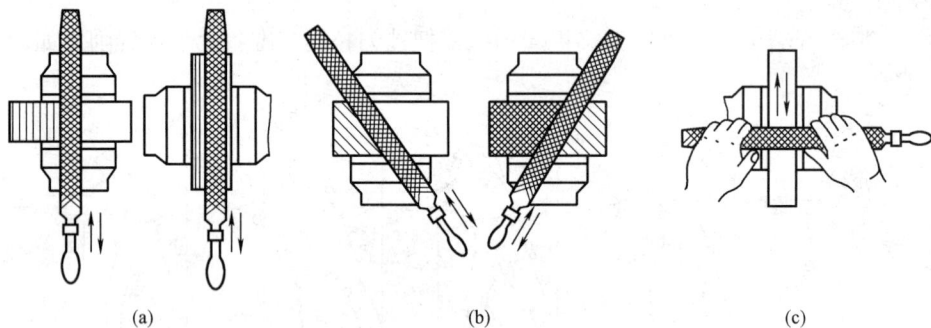

(a)　　　　　　　　　　(b)　　　　　　　　　　(c)

图 TYBZ00904002-7　平面锉削方法

（a）顺锉法；（b）交叉锉法；（c）推锉法

在锉削过程中要注意，不论哪种锉法，都应该在整个加工面均匀地锉削，每次抽回锉刀再锉时，应向旁边移动一些。

四、锉削曲面的方法

圆弧面锉削有外圆弧面和内圆弧面锉削两种。外圆弧面用平锉，内圆弧面用半圆锉或圆锉。

1. 外圆弧面锉削

外圆弧面锉削时，锉刀要完成前进运动和锉刀围绕工件转动两种运动。锉削外圆弧面有两种锉削方法。

（1）分段锉圆弧面。如图 TYBZ00904002-8（a）所示，将锉刀横对着圆弧面，依次把棱角锉掉，使圆弧处基本接近圆弧的多边形，最后用顺锉法把其锉成圆弧。此方法效率高，适用于粗加工阶段。

（2）顺向锉圆弧面。锉削时，锉刀在向前推的同时，右手把锉刀柄往下压，左手把锉刀尖往上提，如图 TYBZ00904002-8（b）所示，这样能保证锉出的圆弧面无棱角，圆弧面光滑。适用于圆弧面的精加工阶段。

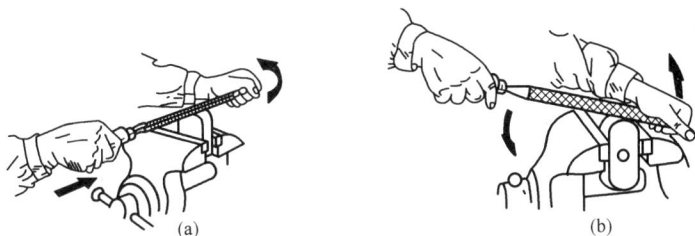

图 TYBZ00904002-8 外圆弧面的锉削方法

（a）分段锉圆弧面；（b）顺向锉圆弧面

2. 内圆弧面锉削

如图 TYBZ00904002-9 所示，锉刀同时要完成前进运动、向左或向右移动（约 0.5～1 锉刀宽度）、围绕锉刀中心线转动（顺时针或反时针方向转动约 90°）三个运动。若只有前进运动，圆孔不圆；若只有前进运动和向左或右移动，圆弧面形状也不正确。只有同时完成以上三个运动才能把内圆弧面锉好，因为只有这样，才能使锉刀工作面沿着工件的圆弧作圆弧形滑动锉削。

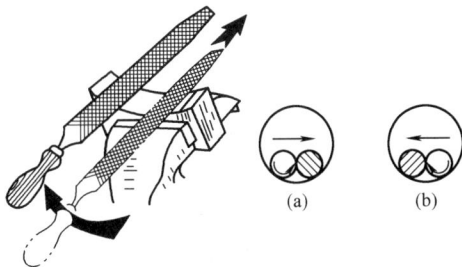

图 TYBZ00904002-9 内圆弧面的锉削方法

（a）向右摆动锉削；（b）向左摆动锉削

五、锉削质量检测方法

1. 平面度的检查方法

锉削好的平面，常用刀口尺或钢直尺以透光法来检验其平面度。若直尺与工件表面间透过的光线微弱均匀，说明该平面平直；若透过的光线强弱不一，说明该平面高低不平，光线最强的部位是最凹的地方。检查平面度应按纵向、横向、对角线方向进行，如图 TYBZ00904002-10 所示。

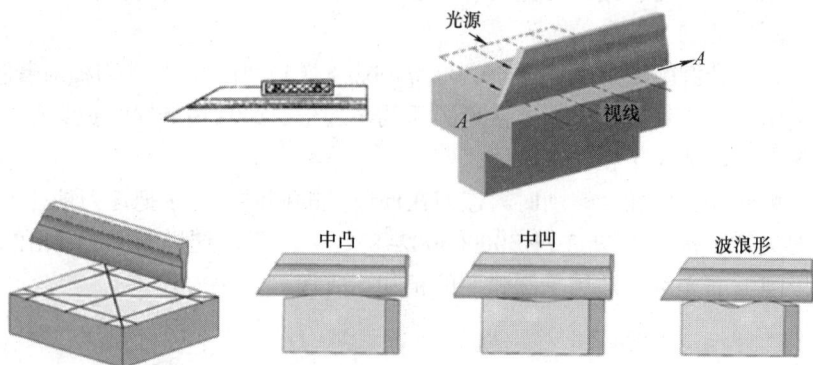

图 TYBZ00904002-10 平面度的检查

2. 垂直度的检查方法

如图 TYBZ00904002-11 所示，用角尺检验加工面与基准面的垂直度时，应将角尺的短边轻轻地贴紧在工件的基准面上，长边靠在被检验的表面上，用透光法检查，具体要求与检查平面度相同。

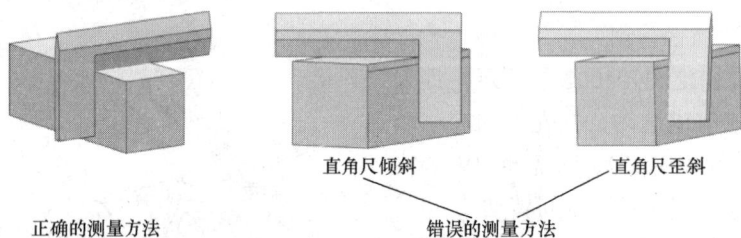

图 TYBZ00904002-11 垂直度的检验方法

3. 平行度的检查

图 TYBZ00904002-12 用百分表测量平行度

锉削时检查平行度的方法较多，通常使用的方法有以下两种：

（1）用百分表检查被加工表面的平行度（如图 TYBZ00904002-12 所示），将工件基准面放置于标准平板之上，移动工件，从百分表的刻度盘上读出最大值及最小值，两者之差即为被测表面的平行度误差。

（2）用游标卡尺或千分尺测量平行度（如图 TYBZ00904002-13 所示），测量时应多测几个位置，找出最高点（最大值）及最低点（最小值），两者之差即为被测表面的平行度误差。

4. 锉削曲面轮廓度的检查

曲面锉削后，其轮廓度误差一般采用标准曲面样板检查。检查时将样板放置于被测面上，通过透光法检查被加工面的轮廓度误差，如图 TYBZ00904002-14 所示。

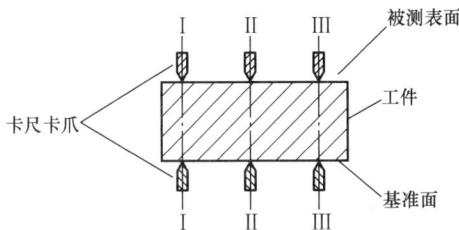

图 TYBZ00904002-13 用卡尺测量平行度　　图 TYBZ00904002-14 用样板测量轮廓度

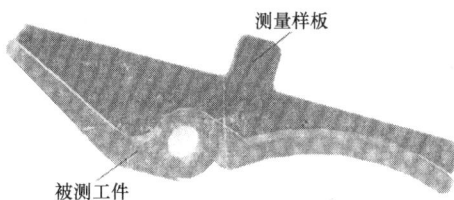

六、锉削安全注意事项

（1）不使用无柄或裂柄的锉刀进行锉削。

（2）锉屑要用毛刷清除，禁止用嘴吹除，防止锉屑飞入眼内。

（3）不可用手摸锉刀面和锉削后的工件表面，防止再锉时打滑，造成事故。

（4）锉刀不准当手锤或撬棍使用。

【思考与练习】

1. 简述锉刀柄的拆装方法。

2. 详述平面锉削操作要领。

3. 简述平面锉削后平面度的检查方法。

模块 3　锉削实例（TYBZ00904003）

【模块描述】本模块介绍了绝缘子拔销钳的制作要点。通过对两种拔销钳制作工艺的描述，掌握运用锉削技术改制手动工具的工艺。

一、绝缘子拔销钳手工制作一

如图 TYBZ00904003-1 所示的绝缘子拔销钳是输电线路检修及安装中常用的一种自制工具，以下为其钳身制作过程的描述。

1. 备料

条形 35 号钢钢板尺寸为 110mm×20mm×10mm，如图 TYBZ00904003-2 所示。

2. 锉削条形板毛坯料

（1）如图 TYBZ00904003–3 所示，锉削条形板 *A* 面，平面度 0.06mm，并垂直于 *C*。

（2）如图 TYBZ00904003–3 所示，锉削条形板 *B* 面，平面度 0.06mm，并垂直于 *A*、*C*。

（3）分别以 *A*、*B* 为基准（既是划线基准，又是测量基准），锉削基准面 *A* 与 *B* 的对面，达到 0.06mm 平面度及相应的垂直度要求。

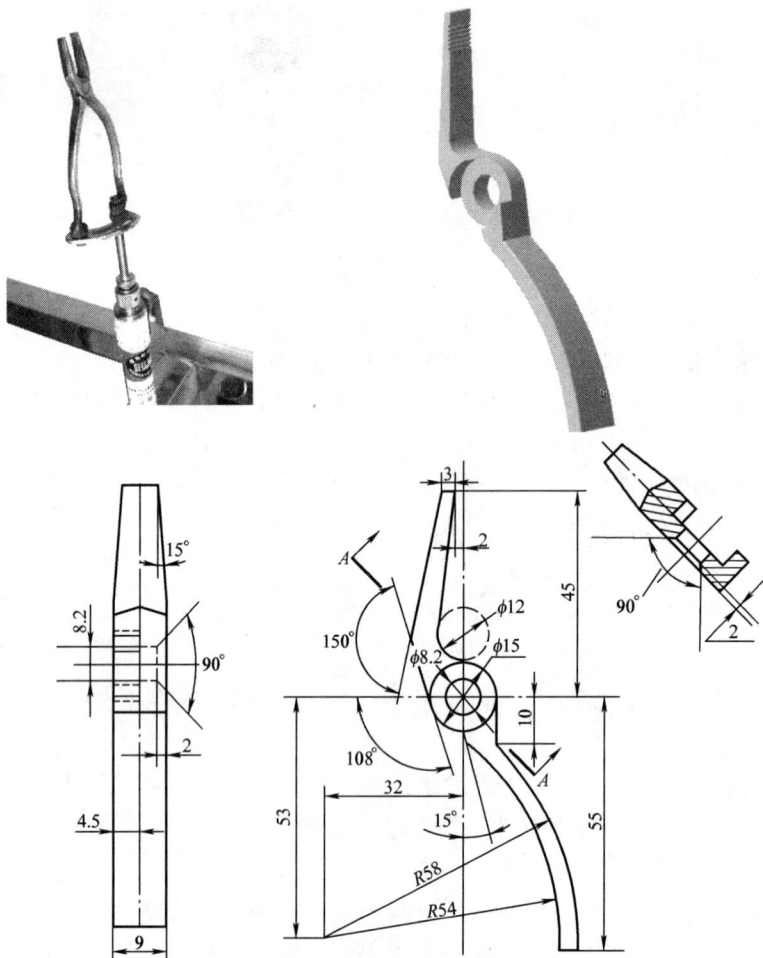

图 TYBZ00904003–1　绝缘子拔销钳一

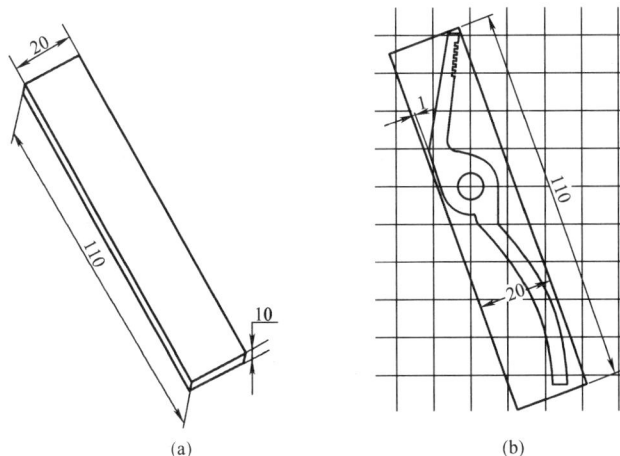

图 TYBZ00904003-2　锉削备料图

（a）备料毛坯尺寸；（b）加工成形后的形状

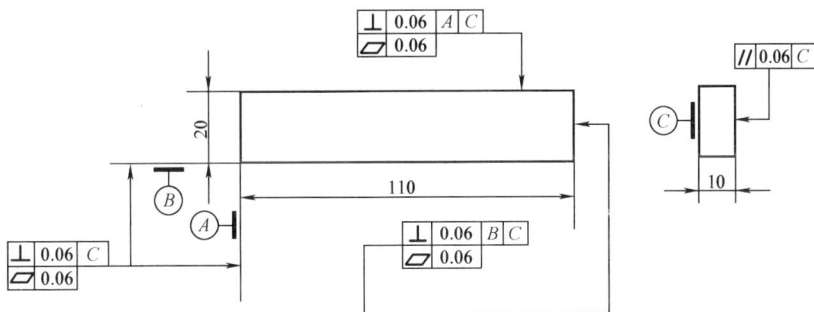

图 TYBZ00904003-3　条形板锉削

3. 孔加工

（1）如图 TYBZ00904003-4 所示，根据图纸尺寸划出 $\phi 8.2$ 回转销孔及 $\phi 12$ 过渡圆弧的孔位线及孔径线。

（2）如图 TYBZ00904003-4 所示，在条形板毛坯料坯上钻 $\phi 8.2$ 及 $\phi 12$ 孔。

（3）如图 TYBZ00904003-4 及图 TYBZ00904003-1 所示，用锥形锪钻锪出 $\phi 8.2$ 上部锥坑（用于拔销钳的铆接）。

（4）用 $\phi 15$ 平底柱形锪钻锪出 $\phi 15$ 配合孔，孔深至 4.5mm，如图 TYBZ00904003-4 所示。

4. 绝缘子拔销钳外轮廓划线

（1）如图 TYBZ00904003-5 所示，将样板上的 $\phi 8.2$ 回转销孔与条形板毛坯料上的$\phi 8.2$ 孔对齐，并插入带螺纹的定位销，用螺母将划线样板与条形毛坯料固定为一体。

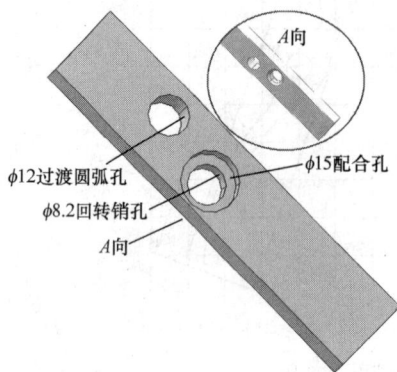

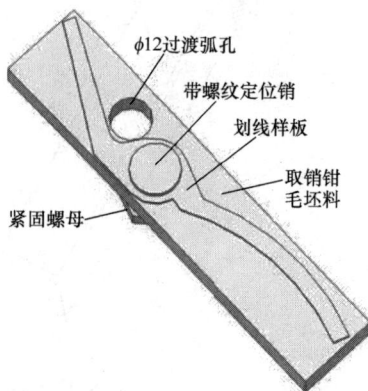

图 TYBZ00904003–4　绝缘子拔销钳毛坯孔加工　　图 TYBZ00904003–5　绝缘子拔销钳外轮廓划线

（2）用划针沿着样板划出绝缘子拔销钳加工轮廓线。

5. 抽料

根据样板所划加工线，用锯割法或排孔法将多余材料去除，此时应特别注意不能用錾子去除材料，如果这样做将使拔销钳钳体变形。

6. 绝缘子拔销钳整体锉削

绝缘子拔销钳整体锉销的加工顺序如图 TYBZ00904003–6 所示。

注意加工钳口内侧面时，内侧面轮廓必须与$\phi 12$ 连接圆弧相切。

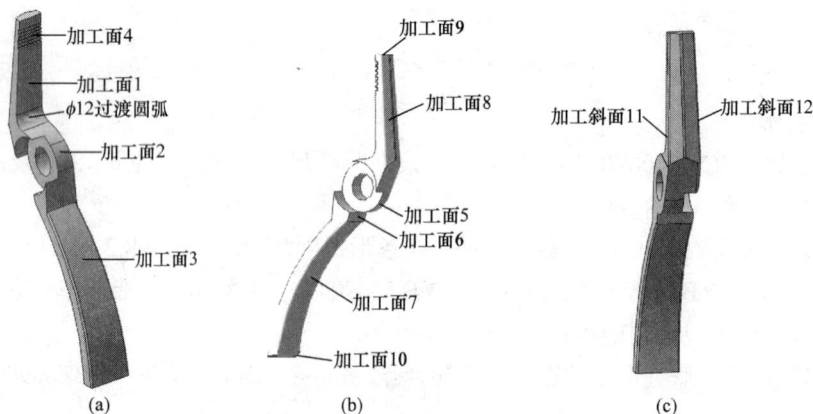

图 TYBZ00904003–6　绝缘子拔销钳整体锉削步骤

(a) 步骤一；(b) 步骤二；(c) 步骤三

二、绝缘子拔销钳手工制作二

如图 TYBZ00904003-7 所示是另一种常用的绝缘子拔销钳，现将其拔销槽的制作工艺进行如下分析。

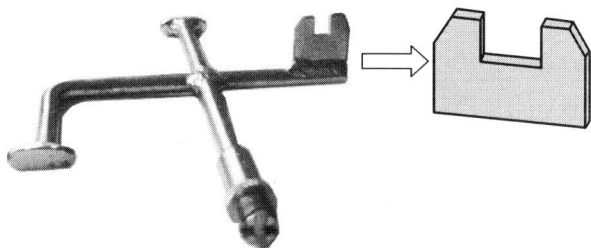

图 TYBZ00904003-7　绝缘子拔销钳二

拔销槽加工零件图如图 TYBZ00904003-8 所示。

首先选取零件毛坯，尺寸为 42mm×32mm，如图 TYBZ00904003-9 所示，其具体加工步骤如表 TYBZ00904003-1 所示。

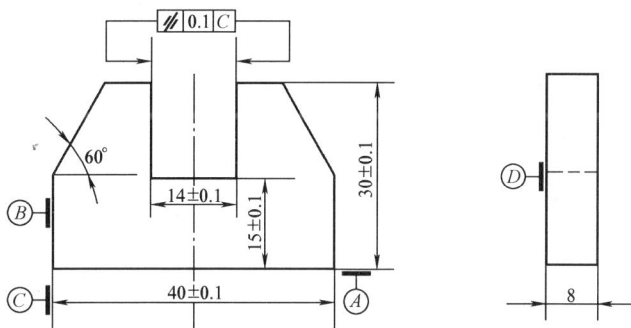

图 TYBZ00904003-8　拔销槽零件图

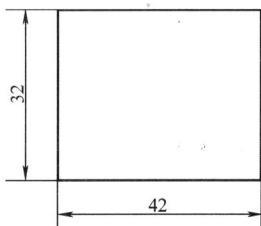

图 TYBZ00904003-9　零件毛坯

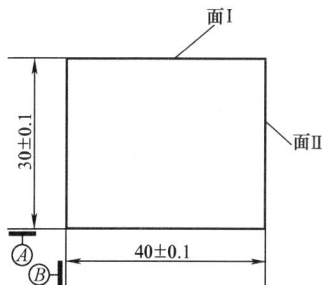

图 TYBZ00904003-10　加工步骤一

表 TYBZ00904003–1　　　　拔销槽零件加工步骤

加工步骤		技　术　要　求			图　例
		尺寸及平行度（mm）	平面度（mm）	垂直度	
步骤一	锉削加工基准面 A		0.06	与基准 D 垂直 0.06mm	图 TYBZ00904003–10
	锉削加工基准面 B		0.06	与基准 A、D 垂直 0.06mm	
	锉削面 Ⅰ	30±0.1	0.06	与基准 B、D 垂直 0.06mm	
	锉削面 Ⅱ	40±0.1	0.06	与基准 A、D 垂直 0.06mm	
步骤二	抽料				图 TYBZ00904003–11
步骤三	锉削加工面Ⅲ	15±0.1	0.06	与基准 D 垂直 0.06mm	图 TYBZ00904003–12
	锉削加工面Ⅳ	13±0.1	0.06	与基准 D 垂直 0.06mm	
	锉削加工面 Ⅴ	13±0.1	0.06	与基准 D 垂直 0.06mm	
步骤四	锯割锉削平面Ⅵ	60°		与基准 D 垂直 0.06mm	图 TYBZ00904003–13
	锯割锉削平面Ⅶ	60°		与基准 D 垂直 0.06mm	

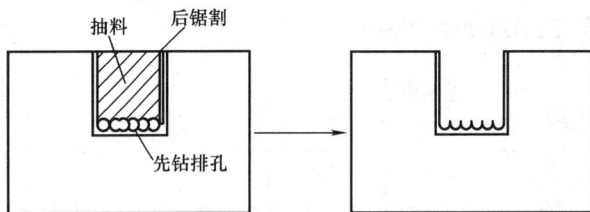

图 TYBZ00904003–11　加工步骤二

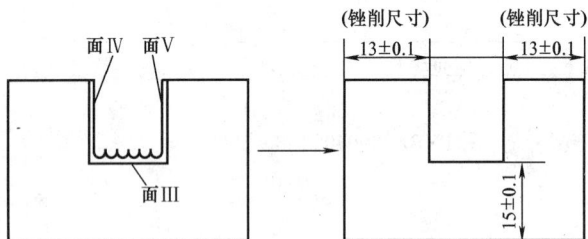

图 TYBZ00904003–12　加工步骤三

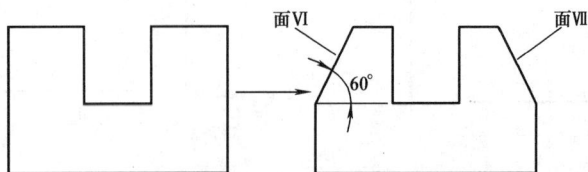

图 TYBZ00904003–13　加工步骤四

【思考与练习】

1. 如图 TYBZ00904003-14 所示是钳工划线时用的标准划针,试备料并按图纸要求制作。

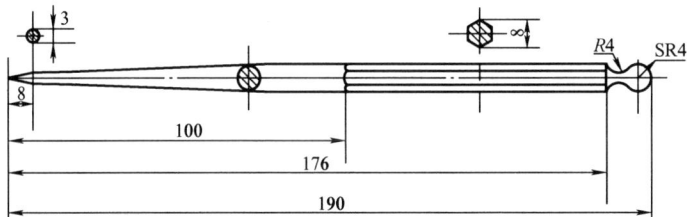

图 TYBZ00904003-14 划针加工

2. 参考图 TYBZ00904003-8 所示,自己备料加工出拔销钳中的拔销槽零件。

第五章 矫正和弯形

模块1 矫正（TYBZ00905001）

【模块描述】本模块介绍了一些常用变形零件的矫正方法。通过对板、条料变形后矫正方法的分析和描述，掌握常用变形零件矫正操作的方法。

【正文】

一、变形条料及棒料的手工矫正

（1）若条料已扭曲变形，可采用扭转法矫正，即将条料夹持在台虎钳上，用扳手把条料扭转到原来的形状，如图 TYBZ00905001-1 所示。

（2）若条料或棒料已中凸变形，可采用压力机矫正。如图 TYBZ00905001-2 所示，矫正前，先把工件架在两块支承铁上（若是轴类零件可用 V 形铁支承；若为条料可用槽钢支承）。支承铁距离可按需要调节。用粉笔画出弯曲部位，然后转动螺旋压力机的螺杆，使压块压在工件的突起部位。为了消除因弹性变形所产生的回翘，可适当压过一些，然后用钢板尺（要求不严格时）或百分表检查工件的矫正情况。边矫正，边检查，直至符合要求。

图 TYBZ00905001-1 扭曲变形
后的矫正

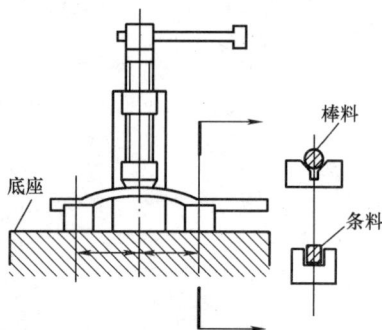

图 TYBZ00905001-2 用压力机
矫直中凸零件

二、金属板薄料的矫正

1. 铜箔、铝箔的矫正

铜箔及铝箔常用作衬垫材料，其变形后通常采用木条抽打、在平板上压碾、木槌敲击等手段进行矫正。

2. 金属薄板料中凸矫正

薄板中凸说明薄板中心的材料厚度已变薄，所以在平整薄板料中凸操作时，应用手锤由外而内、由密到疏、由重到轻地锤击薄板。图 TYBZ00905001-3（a）所示箭头表示了锤击的方位和密度，经地锤击，薄板各部位材料厚度均匀一致，达到了矫平的目的。图 TYBZ00905001-3（b）的锤击方位和密度主要集中在材料的中凸部位，只能使中凸材料变得更薄，进一步加剧了中凸现象，因而是错误的矫正方法。

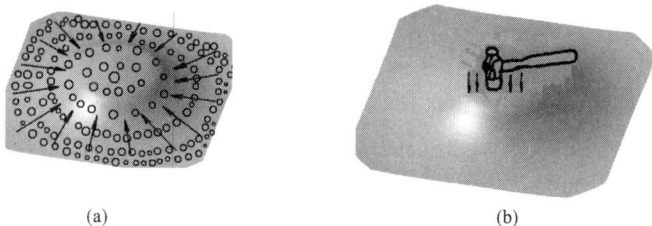

(a) (b)

图 TYBZ00905001-3　薄板的矫正（一）（中凸）

（a）正确矫正方法；（b）错误的矫正方法

3. 边缘成波浪形的金属薄板料的矫正

边缘已成波浪形的变形薄板（四边已变薄而伸长）在矫正时，应由内而外、由密到疏、由重到轻地用手锤击打。图 TYBZ00905001-4（a）所示的箭头示意了锤击方向，其最终目的是使薄板心部的材料厚度和边缘一样薄，从而通过如此延展性击打的方式，达到使薄板料平整的目的。

4. 对角翘曲的金属薄板料的矫正

如果薄板发生对角翘曲，就应沿另外没有翘曲的对角线锤击使其延展而矫平，如图 TYBZ00905001-4（b）所示。

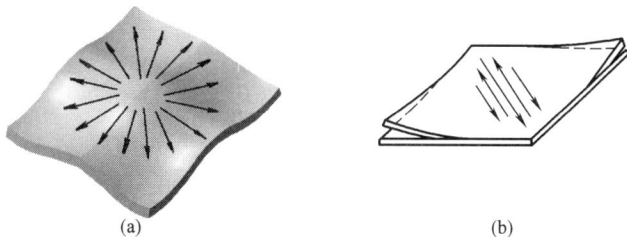

(a) (b)

图 TYBZ00905001-4　薄板的矫正（二）

（a）边缘成波浪形；（b）对角翘起

三、角钢的矫正

图 TYBZ00905001–5 所示为用延展法矫正角钢时的操作方法。

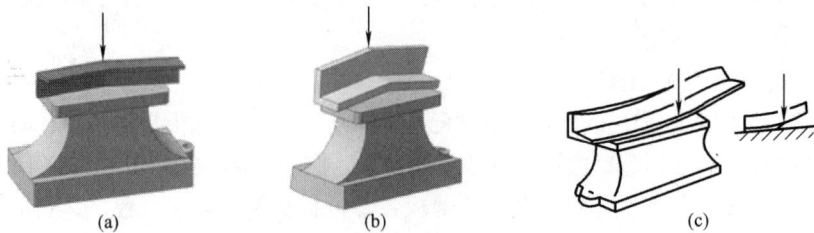

图 TYBZ00905001–5　扭曲角铁的矫正方法

（a）角钢里翘；（b）角钢外翘；（c）角钢扭曲

将角钢翘曲的高点处向上平放在砧座上。如果是向里翘，应锤击角钢的一条边的凸起处，经过由重到轻的锤击，角钢的外侧面会逐渐趋于平直。但须注意，角钢与砧座接触的一条边必须和砧面垂直，只有这样，锤击时，才不致使角钢歪倒，否则要影响锤击效果。如果是向外翘，应锤击角钢凸起的一条边，不应锤击凸起的面。经过锤击，角钢凸起的内侧面也会随着角钢的边一起逐渐平直。翘曲现象基本消除后，可用手锤锤击微曲的面，作进一步修整。

【思考与练习】

1. 简要说明中凸板料的矫正工艺。

2. 针对图 TYBZ00905001–3 及图 TYBZ00905001–4 所示的薄板料变形情况，简述其矫正方法。

3. 根据图 TYBZ00905001–5 所示，简述扭曲角铁的矫正方法。

模块2　弯形（TYBZ00905002）

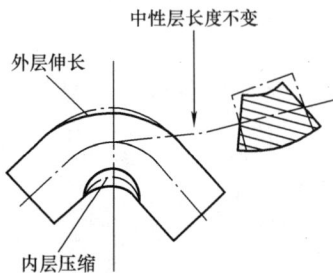

图 TYBZ00905002–1 弯形原理

【模块描述】本模块介绍了零件弯形的原理和方法。通过对不同弯曲工艺的详细描述，掌握各种弯形操作方法及工艺要求。

【正文】

一、弯形概述

如图 TYBZ00905002–1 所示，被弯形的工件，远离中性层的材料，越靠近金属外表面，变形越严重，越容易出现裂纹。工件材料变形的大小与弯形半径有直接关系，弯形半径越小，材料变形越大，为了防止外层金属的拉裂或内层金属的压裂现象，必须使工件的弯形半径大于导致材料开裂的最小弯形半径。一般情况下，当常用钢材料的弯形半径大于 2 倍的材料厚度时，便不会产生裂纹。

工件弯形后，弹性变形的回复，使得工作发生了一定的回弹，即弯形后的角度和半径发生了一定量的变化。因此，为消除回弹现象，弯形操作时应多弯一些。

板料或条料常见弯形操作形式有平弯形、立弯形和扭弯形，如图 TYBZ00905002-2 所示。

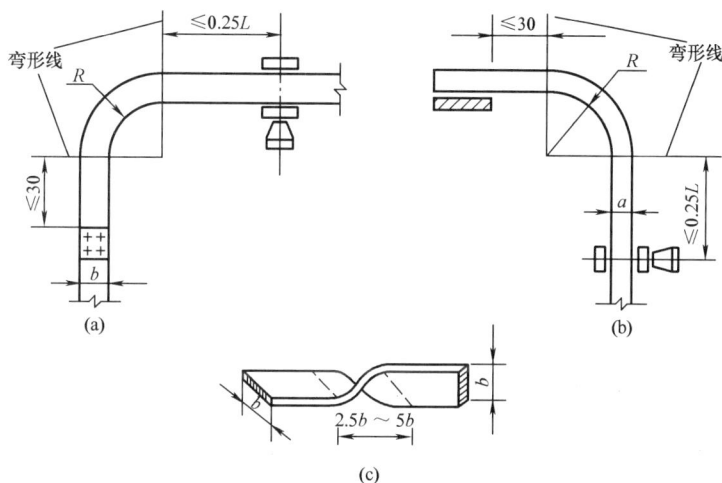

图 TYBZ00905002-2　板料及条料常见弯形操作形式
（a）立弯；（b）平弯；（c）扭弯

二、常见弯形工艺

首先指出，以下无论采用何种弯形工艺，其操作的第一步都是要根据图纸上的弯形尺寸，正确划出弯形线（如图 TYBZ00905002-2 所示）。

1. 板料或条料在厚度方向上的弯形方法（板料或条料的平弯形）

（1）手工弯形。板料或条料尺寸较小、弯形质量要求不高时，可采用手工弯形，如图 TYBZ00905002-3 所示是钳工在虎钳上进行弯形操作的实例。

（2）机械弯形。如图 TYBZ00905002-4 所示，尺寸较大的板料或要求弯形质量较高时，可在平弯机上进行平弯操作。平弯操作时，应根据图纸上板材要求的弯形半径，合理选择平弯模具。表 TYBZ00905002-1 给出了现场常用母线平弯形时的最小弯形半径，可供平弯形时参考。

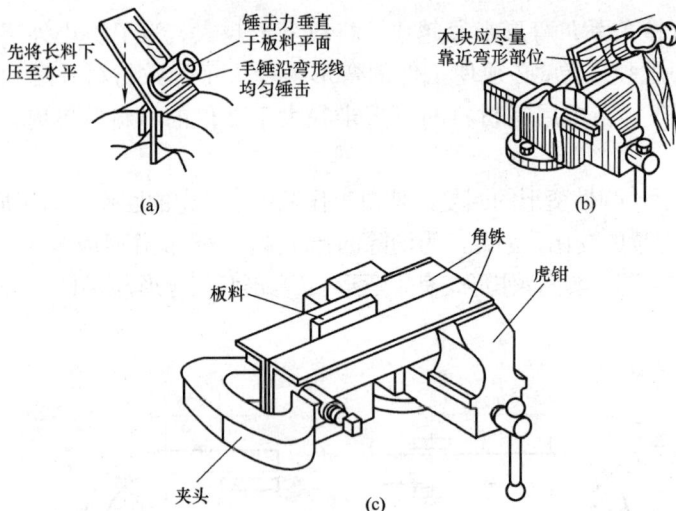

图 TYBZ00905002-3 板料在厚度方向上的弯形操作（平弯形）

（a）弯形线以上部分较长时的弯形方法；（b）弯形线以上部分较短时的弯形方法；

（c）虎钳钳口比工件短或深度不够时的弯形方法

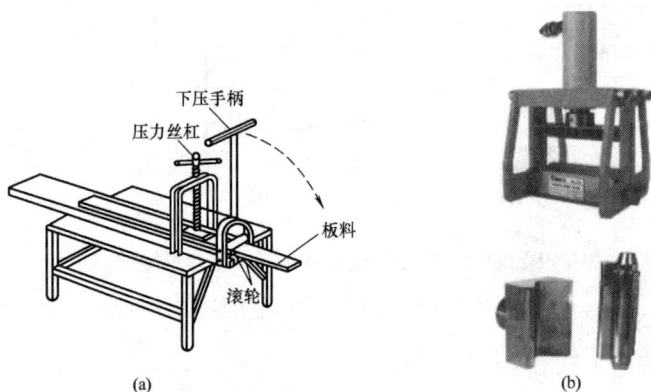

图 TYBZ00905002-4 机械式平弯机

（a）简易平弯机；（b）平弯机及平弯模具

表 TYBZ00905002-1 　　常用矩形母线最小弯形半径　　　　　　　　 mm

弯形方式	矩形母线断面尺寸	最小弯形半径		
		铜	铝	钢
平弯形	50×5 及以下	$2a$	$2a$	$2a$
	125×10 及以下		$2.5a$	
立弯形	50×5 及以下	$1b$	$1.5b$	$0.5b$
	125×10 及以下	$1.5b$	$2b$	$1b$

注　a 为母线板料厚度；b 为母线板料宽度（如图 TYBZ00905002-2 所示）。

2. 板料或条料在宽度方向上的弯形方法（立弯操作）

钳工手工立弯板材较为困难，现常采用机械式弯形工具（自制的和成品机型）进行立弯操作。

图 TYBZ00905002-5（a）所示是一自制手动弯形工具，它由底板、转盘和手柄等组成，在两只转盘的圆周上都有按工件厚度车制的槽，固定转盘直径与弯形圆弧一致。使用时，将工件插入两转盘槽内，移动活动转盘使工件达到所要求的弯形形状。

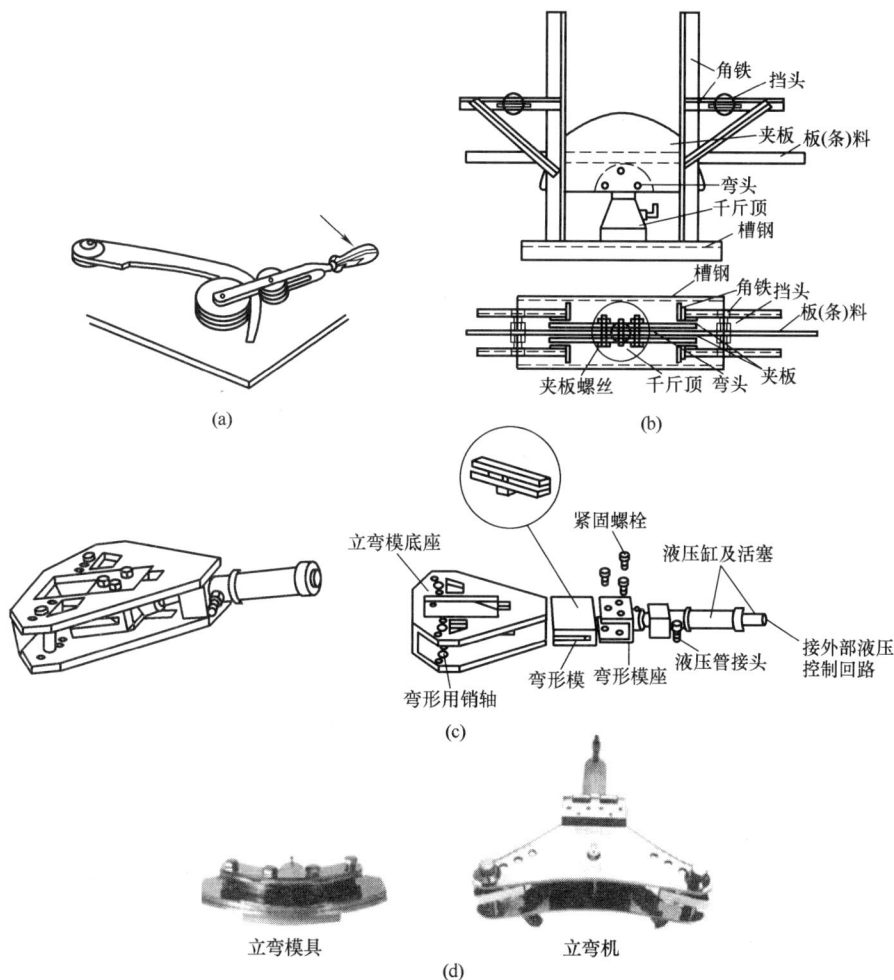

(a)

(b)

(c)

(d)

图 TYBZ00905002-5　常用立弯形机具

（a）简易立弯形工具；（b）手动立弯形工具；（c）机械立弯形工具；

（d）立弯模具及立弯机成品机型

如图 TYBZ00905002-5（b）所示是另一自制手动弯形工具，弯形时，将板（条）料需要弯形的部分放置于立弯机夹板内，装上弯头，拧紧夹板螺丝，校正前后及左右位置正确，操纵千斤顶（多采用液压千斤顶），将板（条）料顶弯。弯形角度可用角度样板校正，若达不到所需角度，可继续进行弯形操作，直到达到要求的角度为止。

如图 TYBZ00905002-5（c）所示是一机械式弯形工具的结构原理图，图 TYBZ00905002-5（d）是其成品机型照片。其结构原理及使用方法如下所述。

在弯形前，先将工件在弯形模底座上放好，弯形时，在外部液压动力作用下，活塞杆带动弯形模下压，将工件弯形为所需角度。当更换不同的弯形模，并合理放置弯形用销轴位置时，可实现不同弯形半径的需要。

同样，立弯操作时，也应根据图纸上要求的弯形半径合理选择立弯模具（半径）。表 TYBZ00905002-1 也给出了现场常用母线立弯形时的最小弯形半径，可供立弯形时参考。

3. 条料的扭弯形

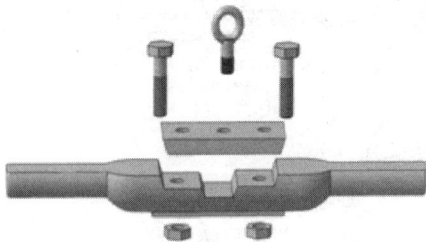

图 TYBZ00905002-6　手动扭弯器

条料的扭弯形一般都是用扭弯器弯形，如图 TYBZ00905002-6 所示，其使用方法为：扭弯时，将工件要扭弯部分的一端夹在台虎钳上，为避免钳口夹伤工件，钳口与工件接触处应垫以铝板或硬木；工件的另一端用扭弯器夹住，然后双手用力转动扭弯器的手柄，使工件弯形达到需要形状为止。扭弯 90°时，扭弯部分的长度应不小于条料宽度的 2.5 倍。

4. 多直角形状的弯形

弯制各种多直角工件时，可用木块或金属块作辅助工具。如图 TYBZ00905002-7 所示的工件，其弯形顺序为：先将板料按划线夹入角铁中内弯成 A 角，见图 TYBZ00905002-7（a）；再用衬块① 弯成 B 角，见图 TYBZ00905002-7（b）；最后用衬块 ② 弯成 C 角，见图 TYBZ00905002-7（c）。

5. 关于弧面弯形

弧面弯形除采用图 TYBZ00905002-5（a）所示方法弯形外，还可采取图 TYBZ00905002-8 所示方法进行弯形。

【思考与练习】

1. 根据图 TYBZ00905002-5（d）所示，简述板料立弯形工艺过程。

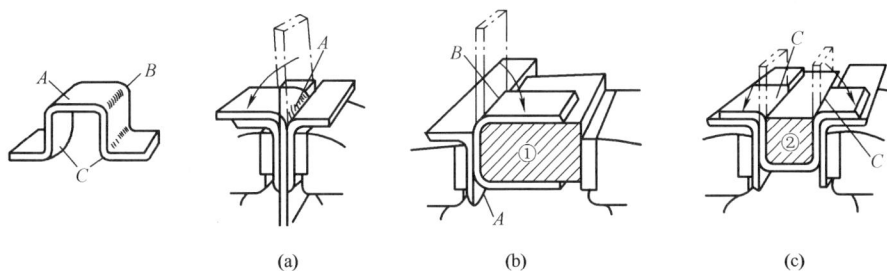

图 TYBZ00905002-7　弯多直角形工件顺序

（a）弯成 *A* 角；（b）弯成 *B* 角；（c）弯成 *C* 角

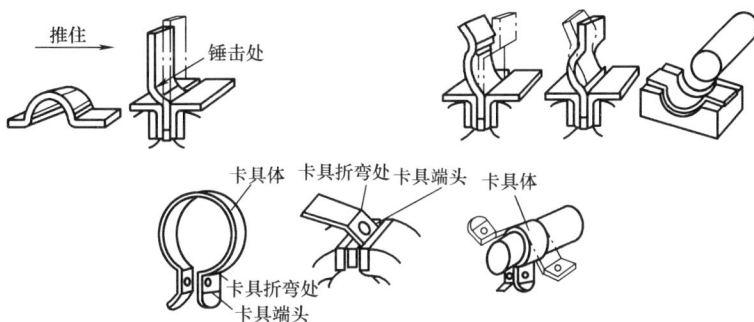

图 TYBZ00905002-8　弧面弯形的方法及步骤

2. 图 TYBZ00905002-9 所示是一种形式的塔杆挂钩，试简述其弯形方法和步骤。

图 TYBZ00905002-9　塔杆挂钩

第六章 钳工常用孔加工

模块 1 钻头 (TYBZ00906001)

【模块描述】本模块介绍了钻孔、钻头的有关知识。通过对钻孔原理及应用、标准麻花钻头的构造、刃磨角度及刃磨方法的描述，掌握标准麻花钻头刃磨的方法。

【正文】

一、钻孔原理及应用

1. 钻孔原理

用钻头在工件实体部分加工出孔的操作称为钻孔，如图 TYBZ00906001-1 所示。钻削时，工件是固定不动的，钻床主轴带动刀具作旋转运动（主运动），同时使刀具向下轴向移动（进给运动），因此，钻削运动是主运动和进给运动的复合运动。

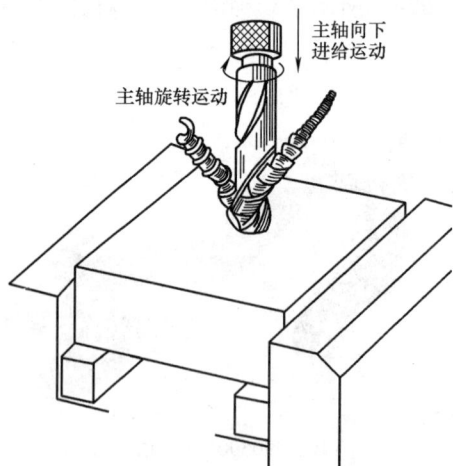

图 TYBZ00906001-1 钻孔原理图

用钻头钻孔时，由于钻头结构和钻削条件的影响，致使加工精度不高，所以钻孔只是孔的一种粗加工方法。孔的半精加工和精加工尚须由扩孔和铰孔来完成。

2. 钻孔的应用

（1）设备安装时，相配件之间进行必要的连接，如构件之间、构架与配件之间、基座与设备之间常常需配钻，然后用螺栓进行紧固连接，如图 TYBZ00906001-2 所示。

（2）设备制造、装配和检修工作中经常遇到钻孔加工，如图 TYBZ00906001-3 所示。

图 TYBZ00906001-2　设备安装时连接用孔

图 TYBZ00906001-3　设备制造用孔

（3）攻丝前钻螺纹底孔，如图 TYBZ00906001-4 所示。

二、标准麻花钻头的构造

金属构件上进行孔加工时，麻花钻头是其主要刀具之一，其构造及各部分的名称如图 TYBZ00906001-5 和图 TYBZ00906001-6 所示。钻头各组成部分的作用见表 TYBZ00906001-1。

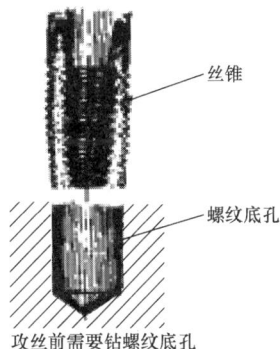

图 TYBZ00906001-4　攻丝前钻螺纹底孔

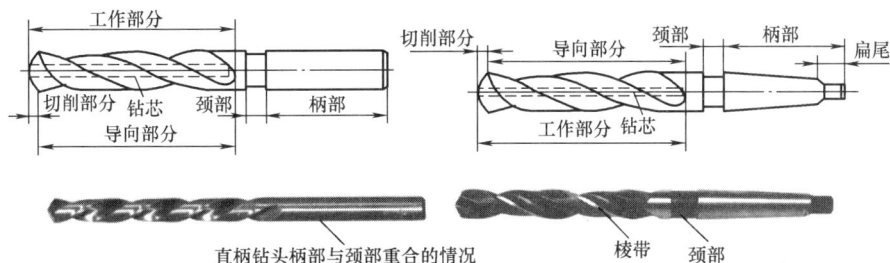

图 TYBZ00906001-5　钻头的各部分名称

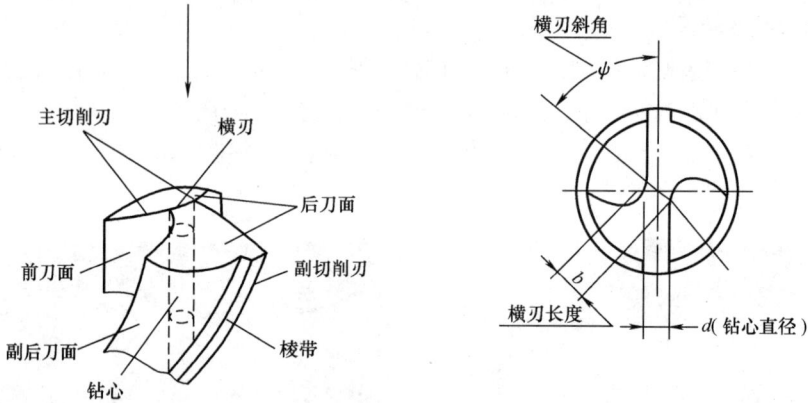

图 TYBZ00906001–6　钻头切削部分名称

表 TYBZ00906001–1　　　　钻头各组成部分的作用

钻头各部分名称		作　用	说　明
柄部	直柄（柱柄）	用于钻头的夹持，用于装夹定心和传递扭矩动力	直径不大于 13mm 的钻头采用直柄
	莫氏锥柄		直径大于 13mm 的钻头采用莫氏锥柄
颈部		用作钻头磨削时砂轮退刀用，并用来刻印商标和规格号等	工作部分和柄部之间的连接部分，通常直柄钻头的颈部与柄部重合
工作部分	导向部分（切削部分的备磨部分） 钻心	使钻头保持足够的强度及刚度	钻头直径越小其钻心直径越大
	刃背	形成切削刃	
	螺旋槽	形成切削刃、排除钻屑、输送冷却润滑液	
	棱带	保持钻削方向的正直，减少摩擦，修光孔壁	直径由切削部分向颈部逐渐减小，一般此倒锥量为（0.05～0.1）mm /100mm
	切削部分（六面五刃） 前刀面	切屑沿着这个表面流出	麻花钻螺旋槽内表面称为前刀面
	后刀面	影响切削部分的强度及与切削表面之间的摩擦	切削部分顶端两曲面称为主后刀面
	主切削刃	主要起切削作用	前刀面与后刀面的相交线
	横刃	钻孔时起初步定心作用，同时使钻削的轴向力显著增大而消耗能源	两主后刀面的交线称为横刃
	副后刀面	棱带的附着表面	导向部分上与已加工表面（孔壁）相对的两螺旋外表面为副后刀面
	副切削刃	起修光孔壁的作用	棱带与前刀面的交线（螺旋线）是副切削刃也称为棱刃

三、标准麻花钻头的刃磨

1. 标准麻花钻的刃磨角度

标准麻花钻的刃磨角度主要包括顶角、后角及横刃斜角。

（1）顶角 2ϕ。如图 TYBZ00906001-7 所示，钻头的顶角是两个主切削刃在与其平行的平面上投影的夹角，标准麻花钻取顶角 $2\phi=118°\pm2°$；当顶角 $2\phi\leqslant118°$ 时，两切削刃呈凸线型；当 $2\phi>118°$ 时，两主切削刃呈凹线型。

（2）后角 α。后角是指后刀面与切削平面之间的夹角。采用如图 TYBZ00906001-8 所示的方法，可形象地来描述钻头后角的概念。首先做一空心圆柱体 1，并将下底圆 2 放置于钻头后刀面之上，通过观察明显发现，底圆 2 与后刀面不重合，且出现一近似三角形间隙，a 为此三角形间隙的顶点，于是，此空心底圆 2 与其在后刀面上的投影 3 之夹角 α，就近似为主切削刃上 a 点的后角值。以此类推，还可形象地描述主切削刃上任一点的后角，并可得出如下结论：主切削刃上各点的后角是不相同的，越靠近钻心，后角越大（钻心处的后角 $\alpha=20°\sim26°$），外缘处最小（$\alpha_0=8°\sim14°$）。通常所说的后角，就是指钻头外缘处的后角。

（3）横刃斜角 ψ。如图 TYBZ00906001-9 所示，横刃斜角是横刃与主切削刃在钻头端面投影中的夹角。横刃斜角小，则横刃长，钻孔时定心困难，阻力大，轴向抗力也增大，钻头易折断；反之，横刃斜角大，则横刃短，钻孔时阻力小，但钻头强度低。标准麻花钻的横刃斜角 ψ 为 $50°\sim55°$。

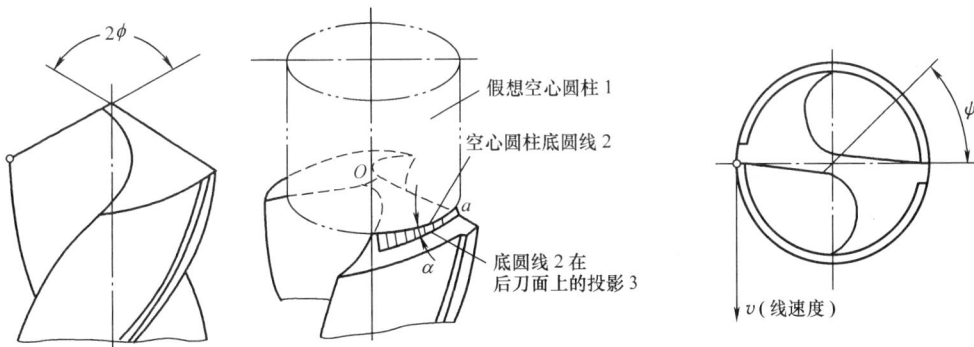

图 TYBZ00906001-7　顶角　　　图 TYBZ00906001-8　后角　　　图 TYBZ00906001-9　横刃斜角

2. 标准麻花钻头的刃磨要求

（1）刃磨角度正确。标准麻花钻的刃磨角度分别是：2ϕ 为 $118°\pm2°$；外缘处的后角 α_0 为 $8°\sim14°$；横刃斜角 ψ 为 $50°\sim55°$。

（2）两主切削刃长度相等且对称。

（3）后刀面光滑。

3. 标准麻花钻的刃磨及检验方法

（1）两手握法。右手握住钻头的头部，左手握住柄部，如图 TYBZ00906001-10（a）所示。

（2）钻头与砂轮的相对位置。钻头轴心线与砂轮圆柱母线在水平面内的夹角等于钻头顶角 2ϕ 的 $1/2$，被刃磨部分的主切削刃处于水平位置，如图 TYBZ00906001-10（a）所示。

（3）刃磨动作。将主切削刃在略高于砂轮水平中心平面处先接触砂轮，如图 TYBZ00906001-10（b）所示，右手缓慢地使钻头绕自己的轴线由下向上转动，同时施加适当的刃磨压力，这样可使整个后面都磨到；左手配合右手做缓慢的同步下压运动，刃磨压力逐渐加大，这样就可以磨出后角，其下压速度及其幅度随要求的后角大小而变，为保证钻头近中心处磨出较大后角，还应做适当的右移运动。刃磨时，两手动作的配合要协调、自然。按此动作不断反复，两后刀面经常轮换，直至达到刃磨要求。

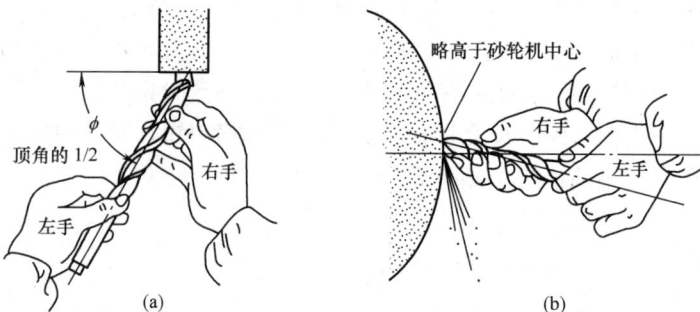

图 TYBZ00906001-10 钻头刃磨时与砂轮的相对位置

（a）钻头刃磨俯视图；（b）钻头刃磨侧视图

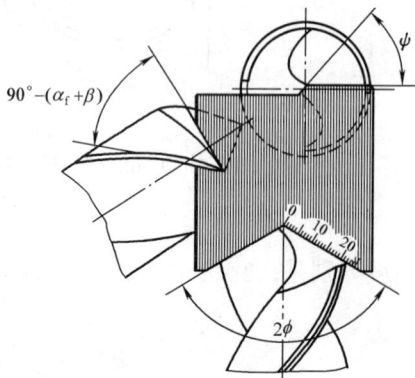

图 TYBZ00906001-11 用样板检查刃磨角度

（4）钻头冷却。钻头刃磨压力不宜过大，并要经常蘸水冷却，防止因过热退火而降低硬度。

（5）砂轮选择。一般采用粒度为 46～80，硬度为中软级（K、L）的氧化铝砂轮为宜。砂轮旋转必须平稳，对跳动量大的砂轮必须进行修整。

（6）刃磨检验。钻头的几何角度及两主切削刃的对称等要求，需要利用检验样板进行检验，如图 TYBZ00906001-11 所示。但在刃磨过程中，最常用的还是采用目测的方法。目测检验时，把钻头切削部分向上竖立，两眼平视，由于两主切削刃一前一后会产生视觉差，往往感到左刃（前刃）高而右刃（后刃）低，所以要旋转 180°后反复看几次，如果结果一样，就说明对称了。钻头外缘处的后角要求，可对外缘处靠近刃口部分的后刀面的倾斜情况来进行直接目测。近中心处的后角要求，可通过控制横刃斜角的合理刃磨角度来保证。

【思考与练习】

1. 根据图 TYBZ00906001-5 及图 TYBZ00906001-6 所示，简述标准麻花钻头各部分名称。

2. 简述标准麻花钻头刃磨工艺。

3. 简述薄板钻头刃磨要领。

模块 2 钻床（TYBZ00906002）

【模块描述】本模块介绍了三种常用钻床的结构及应用范围。通过对台式钻床使用方法的描述，掌握台式钻床操作技能。

【正文】

一、台式钻床

如图 TYBZ00906002-1 所示，台钻的钻孔直径一般在 13mm 以下，最小可加工直径为 0.1mm 的孔。台钻的主轴转速一般较高，且转速可用改变三角胶带在带轮上的位置来调节。主轴进给运动是手动的。为适应不同工件尺寸要求，在松开锁紧手柄后，主轴架可沿立柱上下移动。

1. 台式钻床的使用方法

（1）先停车，后变速。变速操作时，只要松开紧定螺钉，推动电动机向操作者方向移动，便可使皮带松开，进而改变皮带在塔轮上的位置，实现变速的目的。变速后，必须将电动机

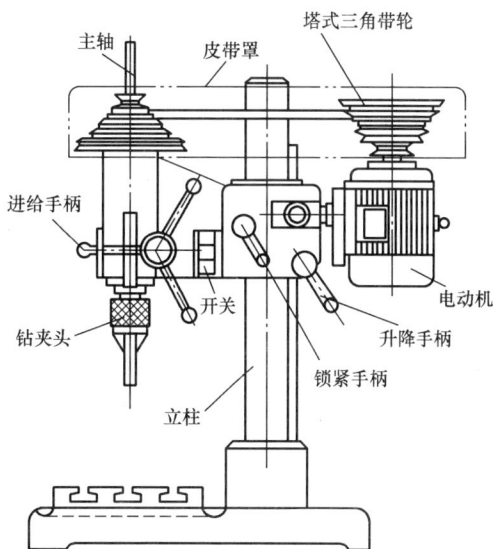

图 TYBZ00906002-1 台式钻床

向远离操作者方向推到位，即将皮带张紧，然后将紧定螺钉拧紧。如果皮带没有张紧，则在钻削时，由于皮带的打滑，钻削力矩不够，钻床主轴会发生停转现象，也

容易将钻头扭断。

（2）松开手柄，摇动摇把，钻床头架就能沿立柱上下移动，以调整钻头的高度。调整完毕后必须将手柄锁紧。

（3）钻孔时必须使主轴作顺时针转动（即正转）。

（4）不允许用钻夹头夹持圆柱形工件进行其他操作，如磨光表面等。

2. 台钻的维护保养

（1）在使用过程中，工作台面必须保持清洁。

（2）钻通孔时，必须在工件下面垫上垫块，以免钻坏工作台面。

（3）要定期加注润滑油。

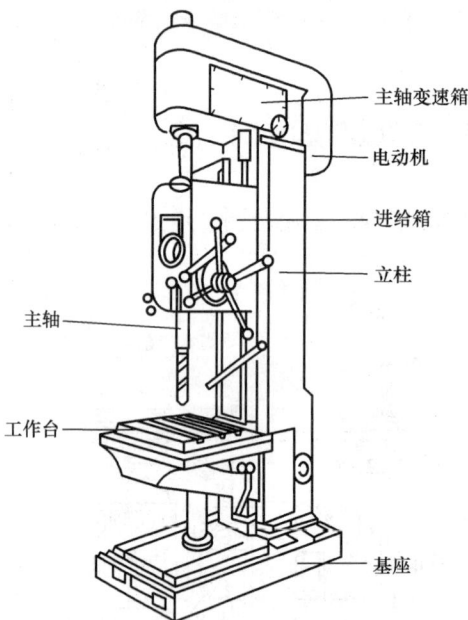

图 TYBZ00906002-2　立式钻床

二、立式钻床

立式钻床简称立钻，它是一种中型钻床，如图 TYBZ00906002-2 所示。其钻床规格是用最大钻孔直径来表示的，通常最大钻孔直径有 25、35、40 和 50mm 等几种。立钻主要由主轴、主轴变速箱、进给箱、立柱、工作台和基座等组成，适用于扩孔、锪孔、铰孔和攻丝等加工。

与台式钻床相比，立钻具有以下优点：

（1）钻孔直径范围大。

（2）由于采取了变速箱变速，因此变速范围大。改变变速箱两操纵手柄的位置便可得到标牌中的转速。

（3）松开锁紧手柄，操纵升降手柄即可使工作台上升、下降或回转（可作 360°转动）。

（4）在立柱左边底座凸台上安装着冷却泵和冷却电动机，开动冷却电动机即可输送冷却液对刀具进行冷却润滑。

与摇臂钻床相比，立式钻床的缺点在于：在加工多孔时，每加工一个孔，工件就要移动并进行一次位置找正，如果在一个表面上存在大量需要加工的孔，使用起来就很不方便，因此此时，如果采用主轴可以移动的摇臂钻床来进行加工就方便多了。

三、摇臂钻床

摇臂钻床有一个能绕立柱回转的摇臂，摇臂带着主轴箱可沿立柱垂直移动，同时主轴箱还能在摇臂上作横向移动，由于摇臂钻床结构上的这些特点，操作时能很方便地调整刀具的位置，以对准被加工孔的中心，而不需移动工件来进行加工。因此，适用于在一些笨重的大工件以及多孔工件的加工，它广泛地应用于单件和成批生产中。

如图 TYBZ00906002-3 所示，工件安装在基座 1 上或基座上面的工作台 2 上。主轴箱 3 装在可绕垂直立柱 4 回转的摇臂 5 上，并可沿着摇臂上水平导轨往复移动。上述两种运动，可将主轴 6 调整到机床加工范围内的任何位置上。因此，在摇臂钻床上加工多孔的工件时，工件可以不动，只要调整摇臂和主轴箱在摇臂上的位置，即可方便地对准孔中心。此外，摇臂还可沿立柱上、下升降，使主轴箱的高低位置适合于工件加工部位的高度。

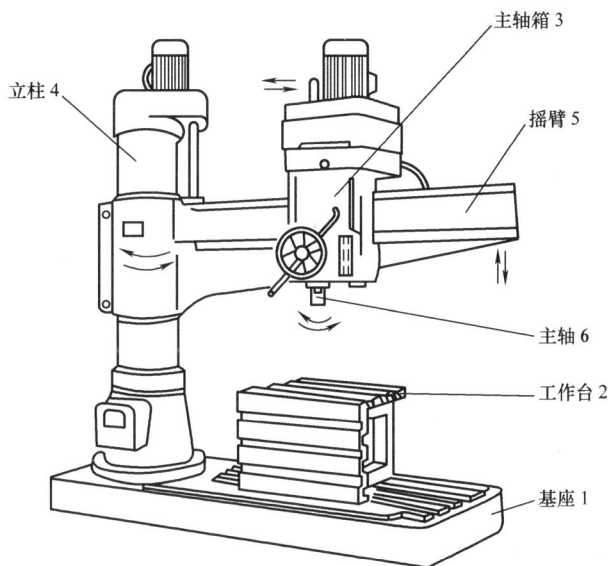

图 TYBZ00906002-3 摇臂钻床

【思考与练习】

1. 根据图 TYBZ00906002-1 所示的台式钻床，说明台钻变速操作步骤。

2. 简述台钻的使用注意事项。

模块 3 钻孔方法及注意事项 (TYBZ00906003)

【模块描述】本模块介绍了常用钻孔方法。通过对划线钻孔步骤的讲解，掌握划线钻孔操作技能；通过对其他钻孔方法的描述，能根据零件的形状及孔的位置，合理地选择钻孔方法；熟悉钻孔的安全技术。

【正文】

一、划线钻孔法

（一）钻孔时的工件划线

1. 用划线工具划线钻孔

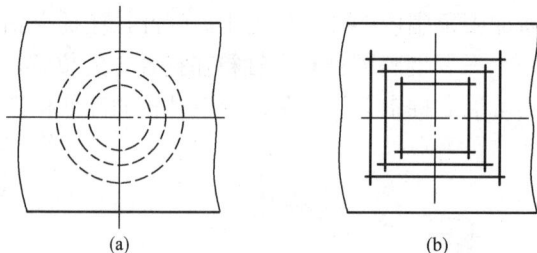

图 TYBZ00906003-1　孔位检查线形式

（a）检查圆；（b）检查方框

（1）在工件上按钻孔的位置尺寸要求，划出孔位的十字中心线。

（2）用样冲在十字交叉点打上中心样冲眼（要求冲眼要小，位置要准）。

（3）如图 TYBZ00906003-1 所示，按孔的大小划出孔径线（检查圆），或划出检查方框线，以便钻孔时检查和借正钻孔位置。

（4）将中心样冲眼敲大，以便准确落钻定心。

2. 用样板划线钻孔

如图 TYBZ00906003-2 所示，是一需要钻孔的狭长型板料，无法用划线工具（如高度尺等）和划线附具（如划线平台、V 形铁等）进行精确划线，所以应采取划线样板划线。即将样板放在板料上，使两者对齐，然后用划针划出四个孔的加工圆线，用样冲打出钻孔定心眼。

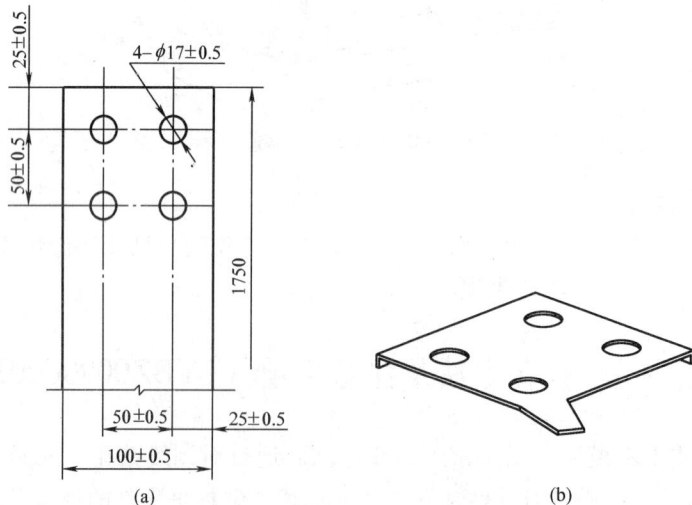

图 TYBZ00906003-2　样板划线钻孔

（a）母线钻孔尺寸；（b）钻孔样板

（二）钻头的装夹

直径 13mm 以下的直柄钻头用钻夹头夹持，如图 TYBZ00906003-3 所示。锥柄钻头可直接装夹在钻床主轴的锥孔内。若钻头锥柄小而钻床主轴锥孔大，可用过渡套筒安装，如图 TYBZ00906003-4（a）所示。

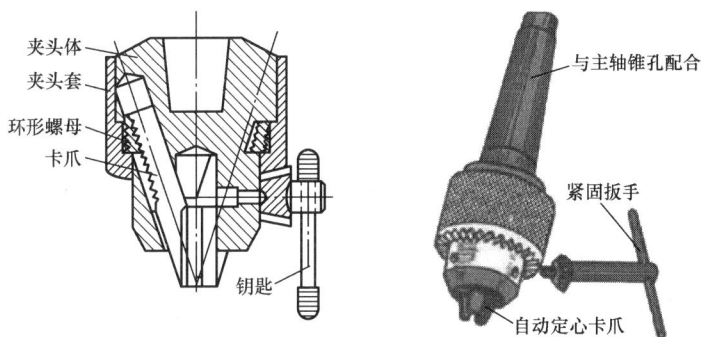

图 TYBZ00906003-3　直柄钻头的装夹及钻夹头的使用

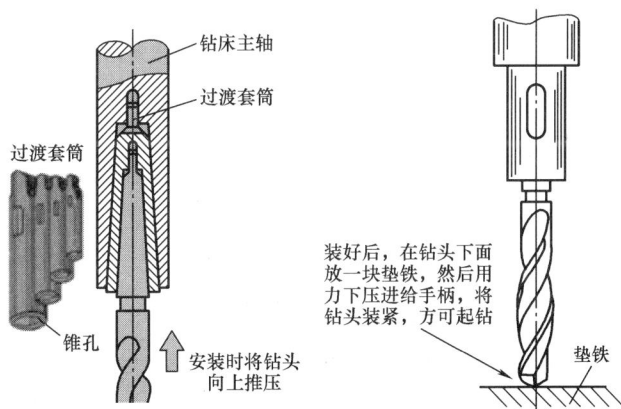

（a）

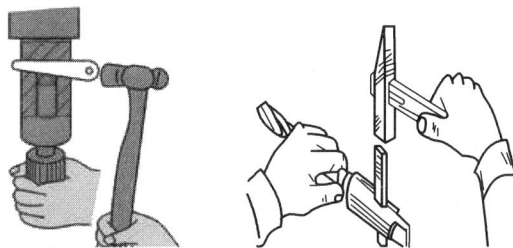

（b）

图 TYBZ00906003-4　锥柄钻头的安装及拆卸

（a）锥柄钻头的安装；（b）锥柄钻头的拆卸

（三）工件的装夹

工件钻孔时，要根据工件的不同形状以及钻削力的大小（或钻孔的直径大小）等情况，采用不同的装夹（定位和夹紧）方法，以保证钻孔的质量和安全。

常用的基本装夹方法如下：

（1）一般钻直径为 8mm 以下的小孔，且工件又可以用手握牢时，就用手握持工件钻孔，例如在长角铁或长扁铁上钻 8mm 以下小孔时，就可用手握持。但要注意工件上不允许有锋利的边角和毛刺，还应注意孔将要钻穿时，一定要断续地小进给，缓慢地将孔钻透。

（2）平整的工件可用平口钳装夹，见图 TYBZ00906003-5（a）。装夹时，应使工件表面与钻头垂直。钻直径较大的孔时，必须将平口钳用螺栓、压板固定。用虎钳夹持工件钻通孔时，工件底部应垫上垫块，空出落钻部位，以免钻坏平口钳。

（3）圆柱形的工件可用 V 形铁对工件进行装夹，见图 TYBZ00906003-5（b）。装夹时，应使钻头轴心线与 V 形铁的对称中心平面重合，以保证钻出孔的中心线通过工件轴心线。

（4）对于较大的工件或不便用平口钳夹持钻孔的工件，可直接用压板、螺栓、螺母等把工件固定在钻床工作台上，见图 TYBZ00906003-5（c）。在搭压板时，应注

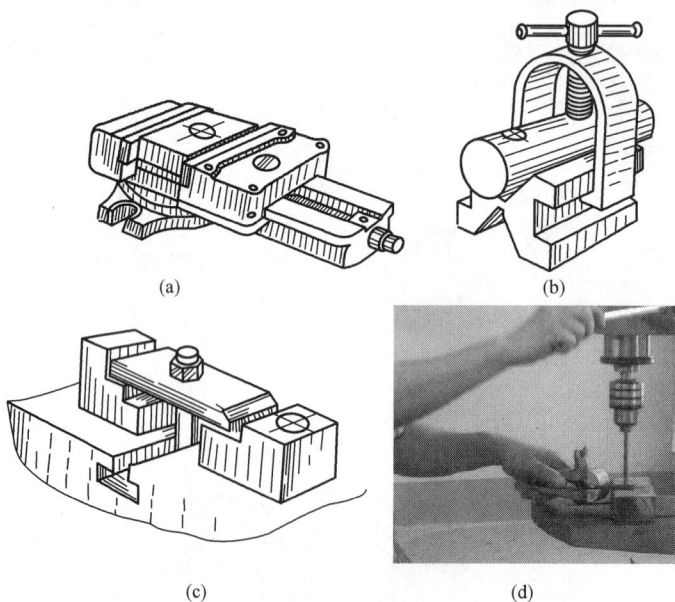

图 TYBZ00906003-5　工件装夹方法

（a）用平口钳；（b）用 V 形铁；（c）用螺旋压板；（d）用手虎钳装夹

意：垫铁应尽量靠近工件，以增加工件上的压紧力，且不易使压板产生弯曲变形。压板螺栓应尽量靠近工件，垫铁应比工件压紧表面高度稍高，以保证对工件有较大的压紧力和避免工件在夹紧过程中移动。当压紧表面为已加工表面时，要用衬垫进行保护，防止压出印痕。

（5）在小型工件或薄板件上钻小孔，可将工件放置在定位块上，用手虎钳进行夹持，见图 TYBZ00906003-5（d）。

（四）转速及进给量选择

钻孔时的转速及进给量（钻床主轴每转一转，钻头向下移动的距离），应根据工件材料的硬度、强度、加工孔径的大小及孔深和加工孔的表面粗糙度值等诸多因素来考虑。钻削软材料如软钢（低碳钢居多）、有色金属等，钻速可适当高些，进给量可适当大些；钻削硬材质，如高碳钢、铸铁时，钻速应适当低些，进给量应适当小些；钻削小直径孔时，转速应高些，进给量应小些；钻削大直径孔时，转速应小些，进给量应大些；深孔钻削时，切削速度和进给量都应选小值。具体选择方法可参考切削用量有关手册。

（五）落钻及试钻

1. 落钻

本书所讲落钻是指在钻孔前将钻尖落入样冲眼的过程。其具体做法是：开动钻床前，先将钻尖落入样冲眼内，然后将钻头提起，反时针手动旋转钻头，再两次将钻头落下，若钻尖又准确落入样冲眼中，说明钻尖对准钻孔中心了（要在垂直的两个方向上观察）；若钻尖未落入样冲眼中，说明对钻有误差，应轻微挪动工件位置后再次重复落钻过程，直到将钻尖落入样冲眼中心为止。

2. 试钻

正确落钻后，应先试钻一浅坑，浅坑直径约为实际孔径的 1/3；若钻出的锥坑与所划的钻孔圆周线不同心或与方框线周边不等距，说明孔位已偏（如图 TYBZ00906003-6 所示），此时可移动工件或移动钻床主轴（摇臂钻床钻孔时）予以借正。

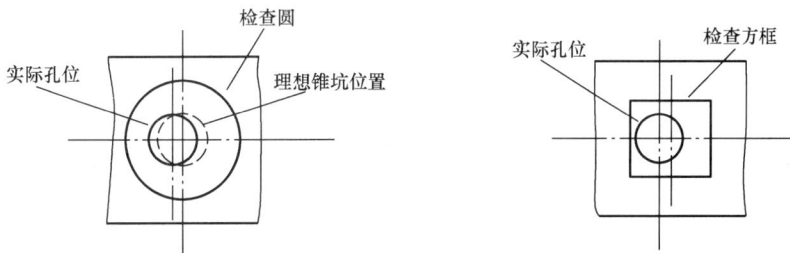

图 TYBZ00906003-6　起钻时孔位偏斜情况

借正的要点是：钻头以极小的进给量下落，同时将工件向偏位的同方向缓慢推移，逐步借正。还应指出的是，如果试钻锥坑外圆已经达到孔径大小，而孔位仍偏斜，再校正就困难了。

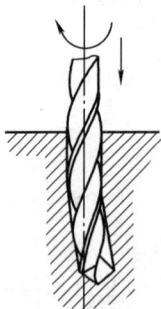

图 TYBZ00906003-7　轴线歪斜

（六）手动进给操作

当试钻达到钻孔位置要求后，即可继续钻孔。手动进给时，进给用力不应使钻头产生弯曲现象，以免使钻孔轴线歪斜（见图 TYBZ00906003-7），钻小直径孔或深孔，进给力要小，并要经常退钻排屑，以免切屑阻塞而扭断钻头，一般在钻深达直径的 3 倍时，一定要退钻排屑；孔将钻透时，进给力必须减小，以防进给量突然过大，增大切削抗力，造成钻头折断，或使工件随着钻头转动造成事故。

二、其他钻孔方法

（一）在薄板上钻孔

1. 用薄板钻钻孔

用标准麻花钻头在薄板上钻孔时，钻头易失去定心控制，钻出多边形孔（见图 TYBZ00906003-8），若进给量较大，还会出现"扎刀"或钻头折断事故。因此，薄板上钻孔应采用薄板钻头，见图 TYBZ00906003-9。

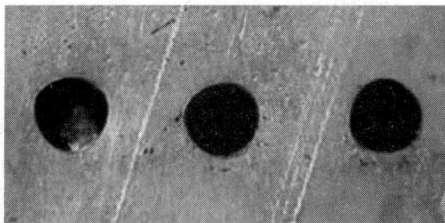

图 TYBZ00906003-8　用普通钻头钻薄板

2. 用刀杆切割法在薄板上开大孔

如图 TYBZ00906003-10 所示，在薄板上开大孔时，可采用刀杆切割法。开孔前，应将工件压紧。开孔时，主轴转速要慢，进给量要小，当工件即将切穿时，应停止进刀，未切透部分可用手锤敲打下来。

（二）在圆柱外表面上钻孔

如图 TYBZ00906003-11 所示，在圆柱形工件外表面钻削与圆柱轴心线垂直并通过中心孔时，可先将圆柱形工件放置于 V 形铁之上，然后做好如下工作：

（1）利用钻头的钻尖来找正 V 形铁的中心位置。

（2）用直角尺找正工件端面的中心线。

（3）使钻尖对准钻孔中心，进行试钻和钻孔。

若所钻的孔要求精度高，还应做好工件的固定工作。

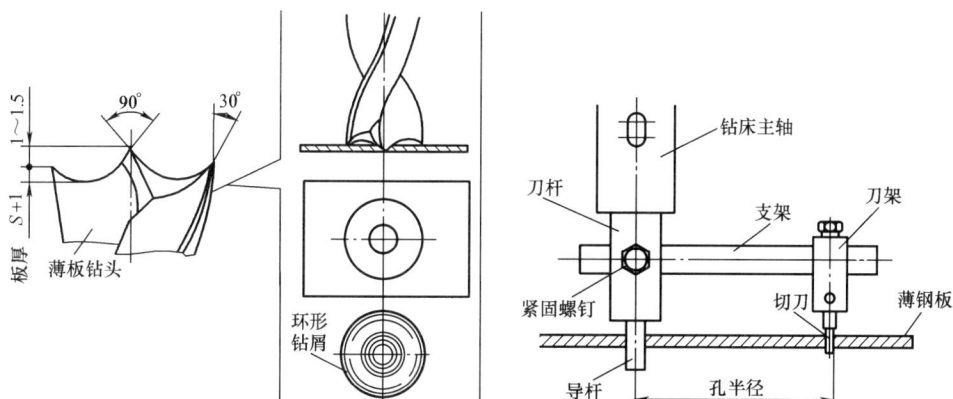

图 TYBZ00906003-9　用薄板钻可钻出规则的内孔　图 TYBZ00906003-10　在薄板上开大孔的方法

（三）钻骑缝孔

为防止组合件相对位置的位移，往往采用销或螺钉作止退或紧定，如图 TYBZ00906003-12 所示。这样就需要在两组合件间进行钻孔，即俗称的钻骑缝孔。钻骑缝孔时，钻头往往会偏向一侧零件，尤其是当两零件材质不一样时，钻头就很容易地偏向材料较软的零件一侧，结果造成软材质零件上拥有大半孔圆，而硬材质零件上拥有小半孔圆，因此为防止或减少孔的偏斜，可同时采取两项措施。

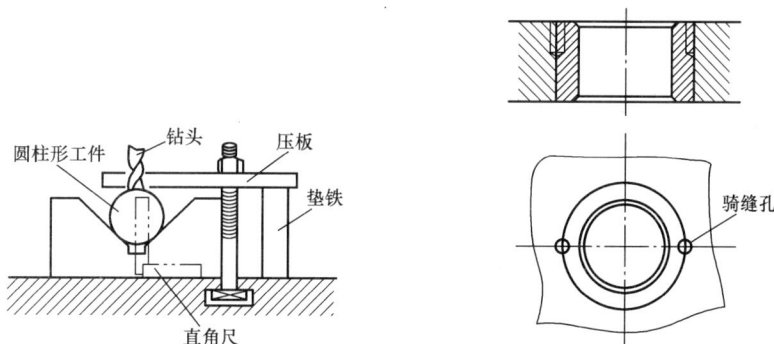

图 TYBZ00906003-11　在圆柱外表面上钻孔　图 TYBZ00906003-12　骑缝孔

措施一：在所钻孔深度不大的情况下，可尽量采用短钻头钻孔，或缩短钻头在钻夹头上伸出部分的长度，只要比孔深略长即可，从而增加钻头的刚度，减少在钻削过程中钻头的弯曲量。

措施二：将钻头的横刃磨短至 0.5mm 以下，从而减小钻心横刃部分的轴向抗力，使之在起钻时不但容易定准钻心，而且由于钻头锋利，可减少偏斜现象。

（四）配钻孔

在现场安装或检修工作中，常常需要配钻孔，如图 TYBZ00906003-13 所示。从图中可知，设备底座的孔在制造时已有，这就需要通过配钻孔的方式在安装基框（槽钢上）钻出螺栓连接用孔。

安装连接孔

图 TYBZ00906003-13　现场配钻安装孔

安装作业时，常用配钻孔方法有以下几种：

（1）测绘已有孔的位置（孔径及孔距）后，在待钻孔的表面（如安装槽钢的上表面）上划出孔径线及孔位线后进行钻孔加工。

（2）采用配划线方法确定配钻孔中心，进行钻孔。

（3）将相配钻的两零件相互位置对正后装夹在一起，然后用与已有孔相同直径的钻头，通过已有孔的引导，在待加工表面（如安装槽钢上表面）上锪出要加工孔的位置浅坑后，将有孔的零件取下，再进行钻孔。

（五）用钻模板进行钻孔加工

在批量钻孔加工时，可用钻模板作为钻孔导向用工具进行钻孔。这种方法既提高了钻孔效率，又保证了钻孔质量要求，如图 TYBZ00906003-14 所示。

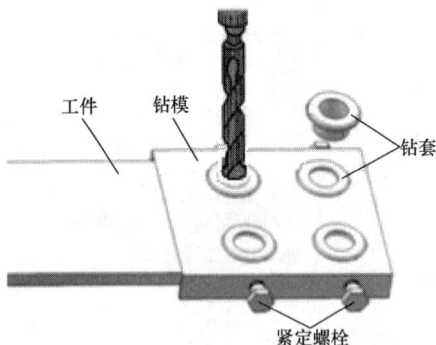

工件　钻模　钻套　紧定螺栓

图 TYBZ00906003-14　采用钻模板钻孔

三、钻孔安全技术

在现场安装或检修中使用电钻钻孔时，尽量使用低压（36V）的和具有双层绝缘结构的电钻，否则应戴橡皮手套，穿绝缘鞋或用绝缘板隔离。钻孔时，要注意人站立的稳定性，尤其是在孔将钻穿时，要适当减小进给压力，以免造成人身事故。

在使用钻床钻孔时，不准戴手套，手中不允许拿棉纱头和抹布。不准用手清除切屑和用嘴吹切屑，应使用钩子和刷子，并应在停车时清除。

钻床变速换挡应先停车，后变速。

钻孔时，工件应妥当夹持，防止工件在钻孔过程中位移，或刚钻穿时进给量过大使工件甩出。

钻床工作台面不准放置量具和其他无关的工夹具。钻通孔时，应采取相应措施防止钻坏台面；车未停稳不准去捏停钻夹头；松紧钻夹头必须用钻钥匙，不准用其他工具乱敲；退出钻头套中的钻头应用锲铁。

【思考与练习】

1. 简述划线钻孔步骤。

2. 举例说明配钻孔方法在设备安装中的应用。

3. 简述钻孔安全技术要求。

模块4 扩孔、锪孔及铰孔（TYBZ00906004）

【模块描述】本模块介绍了扩孔、锪孔、铰孔的概念及应用。通过对铰孔操作的详细讲解，掌握能根据孔的尺寸精度和几何精度的要求，合理选择铰刀进行正确铰削操作的技能，了解扩孔、锪孔的工艺。

【正文】

一、扩孔

在工件上扩大原有的孔（如铸出、锻出或钻出的孔）的工作叫做扩孔。在加工大直径孔时，为减少切削变形和钻孔设备的切削负荷，或为孔的进一步精加工作准备，常常要采用扩孔加工，扩孔加工余量为 0.5～4mm。

1. 扩孔钻

扩孔钻的形状与麻花钻相似，所不同的是：扩孔钻有 3～4 个主切削刃和刃带，故导向性好，切削平稳；无横刃，消除了横刃的不利影响，改善了切削条件；切削余量较小，容屑槽小，使钻心较粗，刚性较好；切削时，可采用较大的切削速度和进给量。因此，扩孔的加工质量和生产效率都高于钻孔，扩孔钻及其应用如图 TYBZ00906004-1 所示。

2. 扩孔注意事项

（1）对直径较大的孔（一般直径 $D>30mm$），可先用（0.5～0.7）D 的小钻头钻孔后，再用扩孔钻进行扩孔。

（2）对精度要求较高且后续还要进行铰孔加工的孔，除先用小钻头钻出一孔外，可分两次不同直径进行钻孔，以保证铰孔前孔的质量。

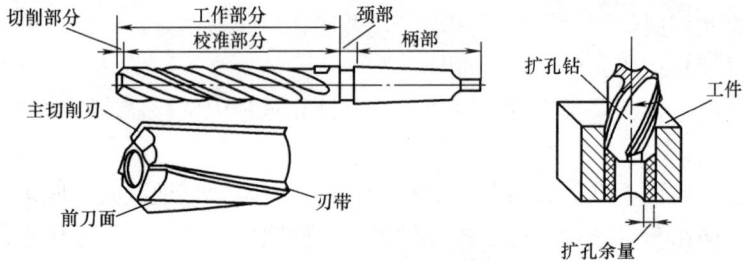

图 TYBZ00906004-1　扩孔钻及其应用

（3）扩孔时的切削速度一般推荐为钻孔速度的 1/2，进给量为钻孔时的 1.5～2 倍。

二、锪孔

为适应各种螺纹连接形状的需要，在孔口表面用锪钻加工出一定形状的孔或平面的操作，称为锪孔。如图 TYBZ00906004-2 所示是用锪钻锪出相应连接形状的实例。

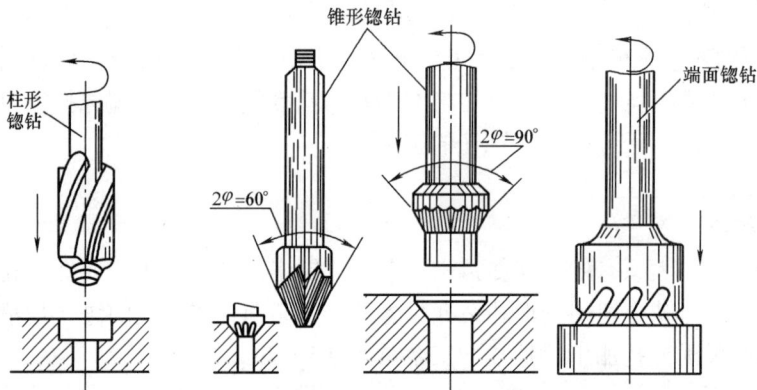

图 TYBZ00906004-2　锪钻及锪孔应用

锪孔操作与钻孔、扩孔操作基本相同，但是锪孔时最易出现的问题是所锪端面或锥面上出现振痕。为避免这种现象，提高锪孔质量必须注意以下几个事项：

（1）选用比钻孔时小的切削速度（一般为钻孔时速度的 1/2～1/3）。在精锪时，往往采用钻床停车后主轴的惯性来锪孔，即钻床驱动电动机停止后，锪钻不可立即抬起，应充分利用主轴的惯性回转，继续锪孔，只有这样，才能减少锪孔振痕而获得光滑的表面。

（2）使用装配式锪钻时，其刀杆和刀体都应装夹牢固。手动进给时，用力要均匀适宜。

（3）在钢材料上锪孔时，应注意在导柱和切削表面加注些机油或黄油润滑。

三、铰孔
（一）铰刀类型
所谓铰孔，就是用铰刀对已经粗加工过的孔进行精加工的操作。钻孔获得的尺寸精度、形位精度及表面粗糙度，一般满足不了装配时精确定位（如销定位）及某些小尺寸内外圆柱表面精确配合的要求，故常常需要采用铰孔加工以提高孔的精度要求，以满足配合需要。如图 TYBZ00906004-3 所示，是常用铰刀类型。

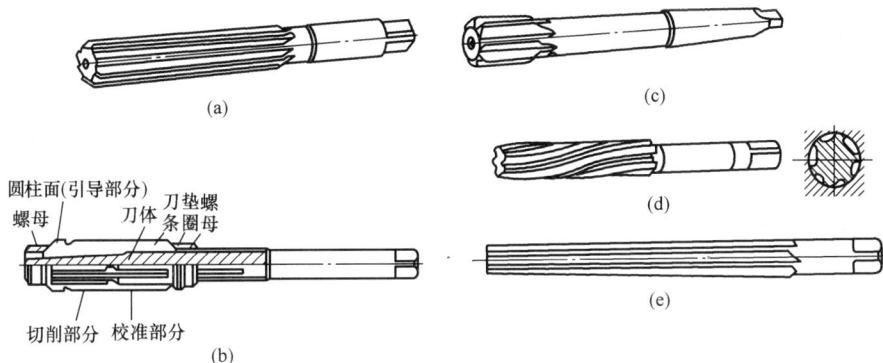

图 TYBZ00906004-3　常用铰刀类型

（a）整体式圆柱手铰刀；（b）可调式手用铰刀；（c）整体式圆柱机铰刀；

（d）螺旋槽手用铰刀；（e）圆锥铰刀

（二）铰孔方法
1. 铰孔余量的选择

所谓铰孔余量就是指铰孔加工后的最终直径与钻孔直径差值，如用普通高速钢铰刀精加工 $\phi16$ 孔，可首先选用 $\phi15.7$ 的钻头进行钻孔加工，即留出 0.3mm 的铰削余量进行孔的铰削加工，从而获得所需精度的孔（如图 TYBZ00906004-4 所示）。具体选择方法如下：

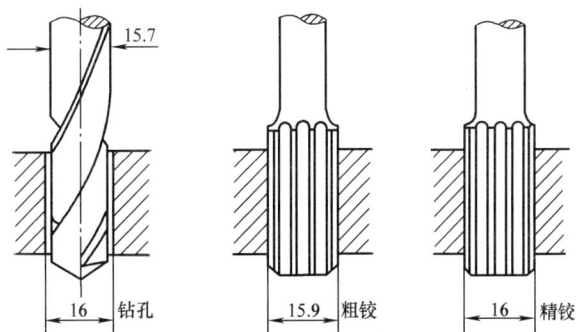

图 TYBZ00906004-4　铰削余量的选取

　　选择铰削余量应考虑铰孔的精度、表面粗糙度、孔径大小、材料的软硬和铰刀的类型等因素。一般情况下，用一把铰刀一次将孔铰成的，若孔径在 $\phi 20$ 以下，铰孔余量约为 0.1～0.3mm；若采用粗、精两次铰孔，孔径在 $\phi 5～\phi 80$ 的孔，粗铰余量约为 0.2～0.8mm，精铰余量约为 0.05～0.15mm。

　　另用普通标准高速钢铰刀铰孔时，其铰削余量可参考表 TYBZ00906004–1 所示。

表 TYBZ00906004–1　　　　铰削余量参考表　　　　　　mm

铰孔直径	≤5	5～20	21～32	33～50	51～70
铰削余量	0.1～0.1	0.2～0.3	0.3	0.5	0.8

　　2. 铰削用量的选择

　　在此所指的铰削用量，主要是指机铰削时所选择的切削用量。铰削速度应比钻孔速度小得多，但进给量可适当增大。用高速钢铰刀铰削铸铁工件时，铰削速度 $v = 6～8\mathrm{m/min}$，进给量 $f = 0.5～1\mathrm{mm/r}$。

　　铰削钢材质工件时，铰削速度 $v = 4～8\mathrm{m/min}$；铰削同样直径的孔，钢件铰削时的进给量应小于铸铁的；铰削铜件及铝件时，$v = 8～12\mathrm{m/min}$，进给量 $f = 1～1.2\mathrm{mm/r}$。

　　3. 关于锥孔的铰削

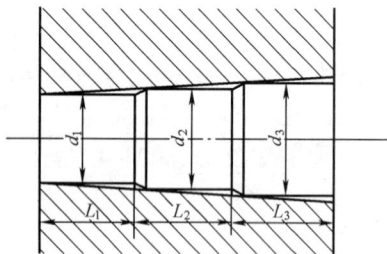

图 TYBZ00906004–5　阶梯孔直径确定

　　由于锥铰刀的刀刃全部参与切削，铰削锥孔比较费力，因此锥孔铰削前，应首先确定铰孔前的钻削底孔直径。对于铰削直径较小或深径比（孔的深度与锥孔小端直径之比）较小的锥孔，可按圆锥孔小端直径选取钻头，钻孔后再铰孔。但铰削锥孔直径较大或深径比值较大的孔，常常先将铰削前的底孔钻成阶梯形（如图 TYBZ00906004–5 所示）。阶梯孔的最小直径按锥度铰刀小端直径确定，并留有铰削余量，其余各段直径可根据锥度推算。根据经验，阶梯孔各段直径的具体计算方法如下：

　　阶梯孔最小直径　　　　　　　$d_1 = d - 0.1$　　　　　　（TYBZ00906004–1）

　　式中　d_1——阶梯孔最小直径；

　　　　　d——锥铰刀公称直径，即锥铰刀小端直径。

$$d_2 = k \cdot L_2 + d_1$$　　　　　　（TYBZ00906004–2）

式中　d_2——第二阶梯底孔直径；

　　　L_2——第二阶梯底孔长度；

　　　k ——锥孔的锥度。

同样　　　$d_3 = k \cdot L_3 + d_2$

　　　　　　　（TYBZ00906004-3）

例：如精铰$\phi 10$的孔（见图 TYBZ00906004-6），采用钻阶梯孔的方法进行加工，则铰孔前底孔直径可通过下列方法计算并选取。

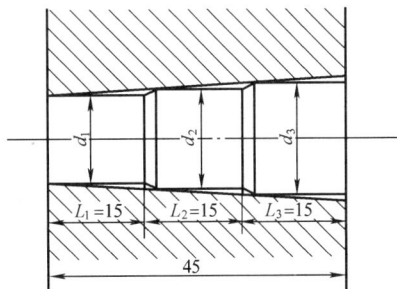

图 TYBZ00906004-6　钻阶梯孔铰孔实例

阶梯孔最小直径$d_1 = 10 - 0.1 = 9.9$（mm）

$$d_2 = k \cdot L_2 + d_1 = \frac{1}{50} \times 15 + 9.9 = 10.2 \text{（mm）}$$

d_2取$\phi 10.2$钻头。

$$d_3 = k \cdot L_3 + d_2 = \frac{1}{50} \times 15 + 10.2 \approx 10.5 \text{（mm）}$$

d_3取$\phi 10.5$钻头。

4. 铰孔时的冷却润滑

铰孔时，对钢材质一般选用10%～20%的乳化液，要求较低表面粗糙度时，可采用30%菜油加70%乳化液的混合物。但当铰削铸铁工件时，一般不用润滑液，以防孔径缩小。

（三）手工铰孔操作要点

（1）工件要妥善夹持，夹紧力适当，夹紧力不可过大，以防止孔的变形。

（2）手铰时，两手用力要均衡，旋转速度要均匀，避免由于铰刀摇摆而造成喇叭口或将孔径扩大。

（3）在铰削过程中要不断变换铰刀每次停歇的位置，以消除同一处停歇而造成的振痕。

（4）手动铰削进给量不能太大。

（5）铰削过程中或退出铰刀时，都不允许反转铰刀，否则会将孔壁拉毛，甚至使刀齿崩刃。

（6）铰削钢料时，应经常清屑和润滑冷却。

（7）铰削操作时，若铰刀被卡住，切忌不能强行扳转铰手。此时可先将铰刀取出，清除其上铁屑，检查铰刀有无损坏，重新铰削时，应缓慢进给，以防铰刀再次被卡。

【思考与练习】

如图 TYBZ00906004-7（a）所示是绝缘子拆装时用拔销钳。钳身在锉削成形前，应先在钳身毛坯件上加工出相应孔，如图 TYBZ00906004–7（b）所示。若先锉削成形，再加工 $\phi15$ 配合孔及 $\phi8.2$ 铆接孔，因工件难以夹持安装，将使孔加工变得十分困难。现 $\phi8.2$ 铆接孔已经加工，试根据本模块讲述内容，进行以下两项锪孔操作。

（1） $\phi15$ 平底孔需用 $\phi15$ 柱形锪钻锪出，锪钻形式如图 TYBZ00906004–2 所示。

（2）钳身铆接锥孔需用锥形锪钻钻出，锪钻形式如图 TYBZ00906004–2 所示。

图 TYBZ00906004–7（c）所示是拔销钳加工成形后的形状。

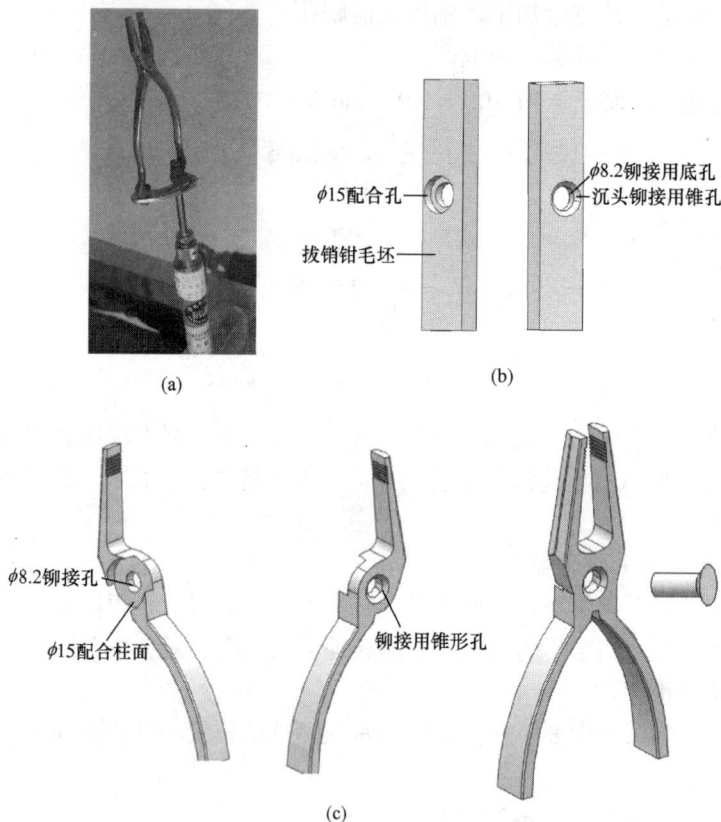

$\phi15$ 配合孔
拔销钳毛坯
$\phi8.2$ 铆接用底孔
沉头铆接用锥孔

(a)　(b)

$\phi8.2$ 铆接孔
$\phi15$ 配合柱面
铆接用锥形孔

(c)

图 TYBZ00906004–7　拔销钳配合孔加工

（a）绝缘子拔销钳；（b）毛坯上孔加工形式；（c）拔销钳加工成形后的形状

模块 5　钻孔实例（TYBZ00906005）

【模块描述】本模块介绍了基座安装垫板的孔加工工艺和构件连接用孔的加工工艺。通过对两加工实例工艺过程的详细分析，掌握现场检修时安装用孔的加工工艺。

【正文】

一、基座安装垫板的孔加工工艺

如图 TYBZ00906005–1 所示是一基座安装垫板，其制作工艺及安装连接要求都离不开孔加工过程。

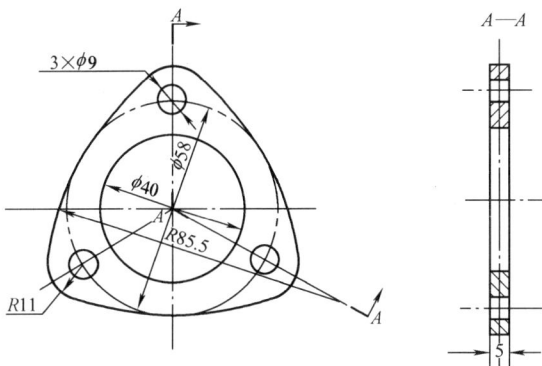

图 TYBZ00906005–1　基座安装垫板零件图

（1）工艺分析。由图 TYBZ00906005–1 所示的零件图可知，因其零件外形不对称且尺寸较小，所以无论是加工 $\phi40$ 内孔还是加工 $3\times\phi9$ 连接用孔，都应合理夹持工件，故推荐采用手虎钳夹持。

（2）根据零件图正确划出孔位线及孔径线。

（3）$\phi40$ 内孔加工。根据零件尺寸，若直接用较大直径钻头加工 $\phi40$ 内孔，既不安全也影响加工质量，故多采用小直径钻头排孔抽料，然后用半圆锉锉削加工出 $\phi40$ 孔的内腔。

1）用手虎钳牢固地夹持零件，工件夹正，将锁紧螺母拧紧，如图 TYBZ00906005–2 所示。

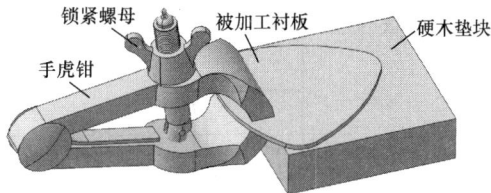

图 TYBZ00906005–2　用手虎钳夹持零件钻孔

2）用 $\phi5\sim\phi10$ 钻头排孔抽料（这里选用了 $\phi6$ 钻头）。注意应使钻出的孔相切或相交，以便用尖錾錾切抽料。

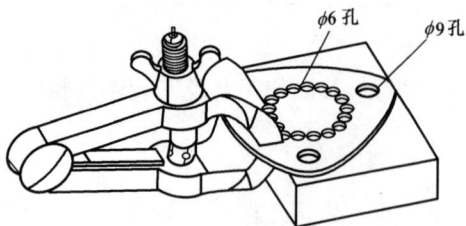

图 TYBZ00906005-3 基座安装垫板的孔加工

（4)用ϕ9钻头钻出 3×ϕ9 连接用孔，如图 TYBZ00906005-3 所示。

二、轴套连接的配钻及配铰

如图 TYBZ00906005-4 所示是一设备上轴套连接加工实例，即ϕ_1、ϕ_2两根轴需要用ϕ50 的连接套，通过锥销连接的形式连接成一体。要做的工作是如何通过配钻孔及配铰孔操作，来实现锥销连接的目的。

（1）对轴套进行划线操作，要求用分度头准确划出孔位线，然后用划规划出孔径加工圆线。

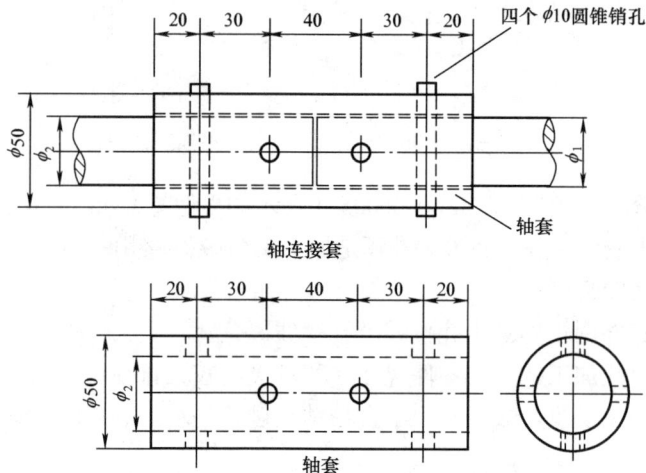

图 TYBZ00906005-4 连接套的钻孔

（2）为了保证铰孔质量，将铰孔前底孔钻成如图 TYBZ00906005-5 所示的阶梯孔。

经计算后，选取底孔直径为：

d_1取ϕ9.9 钻头；d_2取ϕ10.2 钻头；d_3取ϕ10.5 钻头。

如图 TYBZ00906005-6 所示，将轴套与两轴装配好固定在钻孔夹具上。

（3）首先钻出两个定位连接孔孔1、孔2。

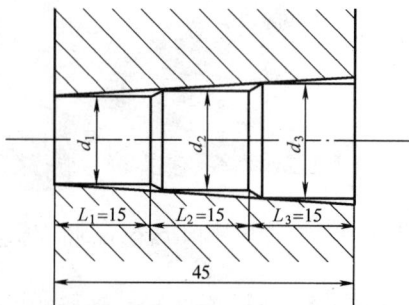

图 TYBZ00906005-5 铰孔前阶梯孔加工

（4）运用铰孔操作要领将孔 1、孔 2 铰出，注意边铰孔边用标准锥销试配。

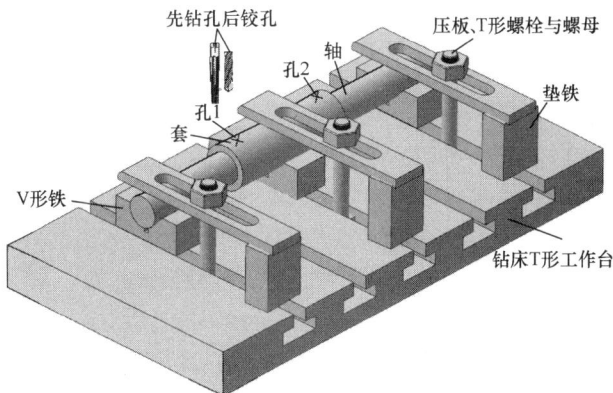

图 TYBZ00906005-6　连接套在夹具中固定后钻铰孔

（5）将销子打入两孔，然后将轴与轴套组件旋转 90°重新装夹，如图 TYBZ00906005-7 所示。

（6）与上述方法相同，钻铰孔 3、孔 4，边铰孔边用标准锥销试配。

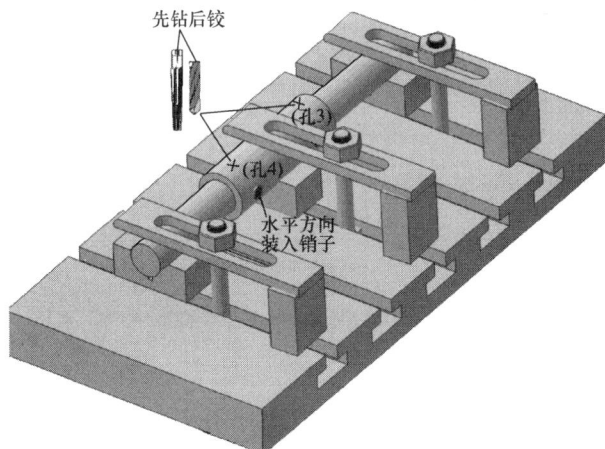

图 TYBZ00906005-7　装上销子旋转 90°重新装夹钻、铰孔

【思考与练习】

1. 图 TYBZ00906005-8 所示是一母线钻孔尺寸图，试根据图中尺寸制作钻孔样板（用厚度为 1mm 的铁皮）。

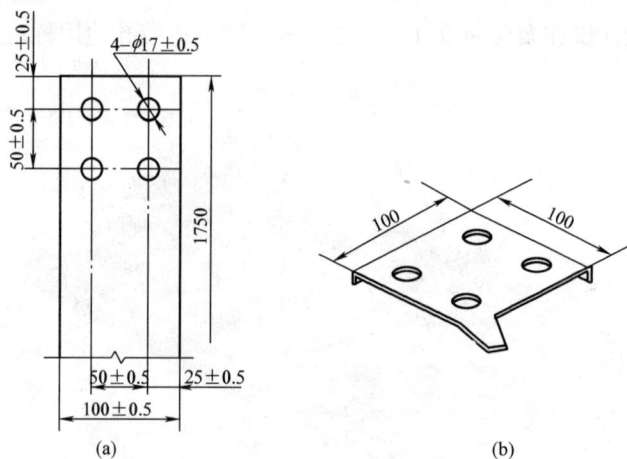

图 TYBZ00906005-8　母线安装孔钻孔样板制作

（a）母线钻孔尺寸；（b）钻孔样板实物

2. 如图 TYBZ00906005-9 所示的曲线样板，试参照本模块基座安装垫板的孔加工工艺，对其进行加工。

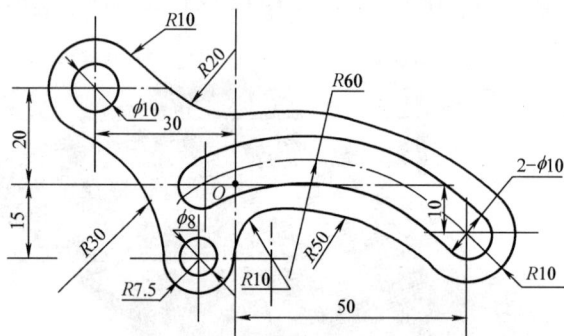

图 TYBZ00906005-9　曲线样板

第七章 攻螺纹与套螺纹

模块 1 攻螺纹 (TYBZ00907001)

【模块描述】本模块介绍了攻丝常用工具及手动攻丝方法。通过对攻丝方法和攻丝操作要领的讲解，掌握攻螺纹的加工技能。

【正文】

一、攻丝常用工具

攻螺纹也叫攻丝，就是用相应工具（丝锥和绞杠）在零件上加工出内螺纹的切削过程。

如图 TYBZ00907001-1 所示是钳工手动攻丝过程，图 TYBZ00907001-2 所示是常用手动攻丝工具。

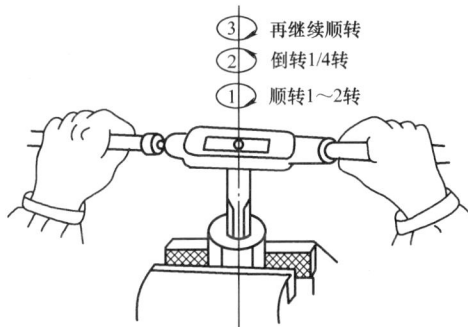

③ 再继续顺转
② 倒转1/4转
① 顺转1～2转

图 TYBZ00907001-1 手动攻丝

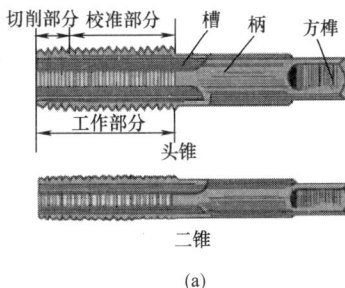

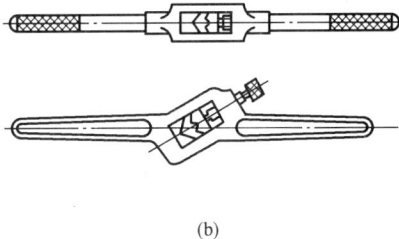

切削部分 校准部分 槽 柄 方榫

工作部分

头锥

二锥

(a)

(b)

图 TYBZ00907001-2 丝锥和绞杠

(a) 丝锥；(b) 绞杠

手用丝锥一般由两支组成一套，分为头锥和二锥。两支丝锥的外径、中径和内径均相等，只是切削部分的长短和锥角不同。头锥较长，锥角较小，约有 6 个不完整的齿，以便切入；二锥短些，锥角大些，不完整的齿约为 2 个。绞杠是扳转丝锥的工具，常用的是可调节式，以便夹持各种不同尺寸的丝锥。

二、攻丝方法

1. 攻丝前底孔直径的计算

攻丝前，首先要用钻头钻出攻丝底孔，而攻丝底孔直径的选择尤为重要，实践证明，底孔直径选得过大，加工出的螺纹高度及牙深不够，牙顶不尖；而底孔直径选择得太小，攻丝困难，易造成丝锥折断故障。正确的选择原则一般是根据工件材质（塑性或脆性）和钻孔时孔的扩张量来考虑的，即当攻丝时，既保证丝锥齿根部和螺纹牙形顶端间的间隙，又保证加工出完整的螺纹牙形。

经实践证明，钻普通螺纹的底孔钻头直径，可由经验公式确定，即

对钢料及韧性材料：$d = D - P$　　　　　　　　（TYBZ00907001–1）

对铸铁及脆性材料：$d = D - (1.05 \sim 1.1)P$　　（TYBZ00907001–2）

式中　d——攻丝前底孔直径，mm；

　　　D——内螺纹大径，即工件上内螺纹公称直径，mm；

　　　P——螺距，mm。

例：在中碳钢和铸铁的工件上，分别攻制 M10 的螺纹，求钻孔前钻头直径。

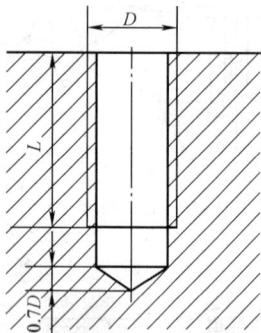

图 TYBZ00907001–3　不通孔螺纹底孔深度计算

中碳钢属于韧性材料，故钻头直径为

$$d = D - P = 10 - 1.5 = 8.5 \text{（mm）}$$

铸铁属于脆性材料，故钻头直径为

$$d = D - 1.1P = 10 - 1.1 \times 1.5 = 8.35 \text{（mm）}$$

圆整后取系列值 8.4mm 的钻头。

2. 不通孔螺纹攻丝前底孔深度的计算

如图 TYBZ00907001–3 所示，盲孔（不通孔）攻螺纹时，由于丝锥切削部分不能切出完整螺纹，所以光孔深度 h 至少要等于螺纹长度 l 与（附加的）丝锥切削部分长度之和，这段附加长度大致等于内螺纹的 0.7 倍，即

$$h = l + 0.7D \quad \text{（TYBZ00907001–3）}$$

3. 攻丝操作要领

（1）正确夹持工件，尽量使螺纹孔轴线置于水平或垂直位置，以利于攻丝时判断丝锥位置是否正确。

（2）起攻时，应尽量把丝锥放正，当转动绞杠使丝锥切入工件 1～2 圈后，应凭经验目测或用钢板尺、直角尺从几个方向上检查、校正丝锥的位置，再继续攻丝，见图 TYBZ00907001–4。

（3）攻丝过程中，每扳转 1/2～1 圈，应倒转 1/2～1 圈，使切屑碎断，以利排屑。

（4）攻不通孔时，应经常退出丝锥清除切屑，或在丝锥切削部分的容屑槽中涂些黄油，以便在攻丝过程中使黄油黏住切屑利于清除；也可经常退出丝锥，用弯曲的管子将切屑吹出。

（5）攻丝时，要经常润滑，即可用机油、乳化液混合润滑。

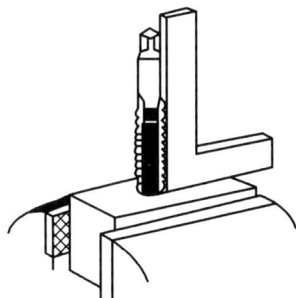

图 TYBZ00907001-4　用直角尺检查丝锥位置

（6）用二锥攻丝，应先用手把丝锥旋入已经头锥攻过的螺孔中，再装上绞杠进行攻丝。当工件材料强度和硬度较高时，可用头锥、二锥交替攻丝，防止丝锥折断。

【思考与练习】

1. 简述攻丝操作要领。

2. 图 TYBZ00907001-5（a）所示是输电线路上用到的夹线分线器，其夹线体底座均匀分布四个螺孔，如图 TYBZ00907001-5（b）所示，用于与分线器底座相连接，现要求用所学技能在零件上进行钻孔攻丝。

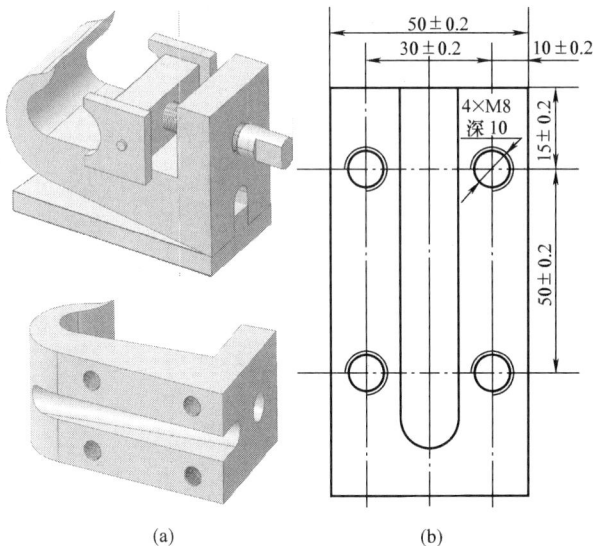

图 TYBZ00907001-5　夹线分线器攻丝操作

(a) 夹线分线器；(b) 攻丝操作零件图

模块 2　套螺纹（TYBZ00907002）

【**模块描述**】本模块介绍了套螺纹。通过对套螺纹工具、套螺纹方法、套螺纹操作注意事项的描述，掌握套螺纹操作工艺。

【**正文**】

一、套丝工具

套螺纹也称套丝，就是用相应工具（板牙和板牙架）在圆杆上加工出外螺纹的切削过程。如图 TYBZ00907002-1 所示是手动套丝过程及套丝用工具。

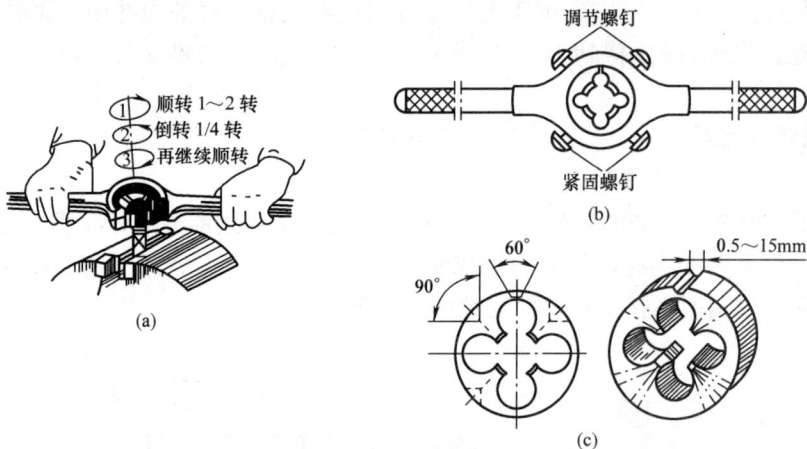

图 TYBZ00907002-1　手动套丝过程及套丝工具

（a）手动套丝过程；（b）套丝用板牙架；（c）套丝用板牙

二、套丝方法

1. 套丝前圆杆直径确定

套丝过程中，与攻丝一样，工具（板牙）对工件螺纹部分材料也有挤压作用，因此，圆杆直径应比螺纹外径小一些。其经验公式为

$$d = D - 0.13P \qquad （TYBZ00907002-1）$$

式中　d——套丝前圆杆直径，mm；

　　　D——外螺纹大径，即外螺纹公称直径，mm；

　　　P——螺距，mm。

2. 套丝操作注意事项

（1）将套螺纹的圆杆顶端倒角 $15°\sim20°$。

（2）将圆杆夹在软钳口内，要夹正紧固，并尽量低些。

（3）板牙开始套螺纹时，要检查校正，必须使板牙与圆杆垂直，然后适当加压力按顺时针方向扳动板牙架，当切入 1～2 牙后就可不加压力旋转。与攻螺纹一样要经常反转，使切屑断碎及时排屑。

（4）套丝中要加润滑冷却液，以降低螺纹表面粗糙度和延长板牙使用寿命，一般用加浓的浮化液或机油。

【思考与练习】

1. 简述套丝前圆杆直径的计算方法。

2. 简述套丝操作要领。

第八章　常用量具和工具

模块 1　常用量具及量仪（TYBZ00908001）

【模块描述】本模块介绍了常用量具的工作原理及读数方法。通过对常用量具使用方法和使用时注意事项的具体描述，掌握常用量具及量仪的使用技能。

【正文】

一、常用简单量具的原理及使用

1. 钢直尺

钢直尺是最简单的长度量具，它按长度可划分为 150、300、500 和 1000mm 四种规格。图 TYBZ00908001-1 是常用的 150mm 钢直尺外形。

如图 TYBZ00908001-2 所示，钢直尺用于测量零件的长度尺寸，测量时读数误差较大，只能读出毫米整数，即最小读数值为 1mm，比 1mm 小的数值，只能估计读出。

图 TYBZ00908001-1　150mm 钢直尺　　　图 TYBZ00908001-2　钢直尺使用方法

2. 刀口尺

刀口尺多用于测量工件上已加工表面的直线度或平面度，其规格有 75、125、175mm 等。刀口尺是用透光法来检测工件直线度的，检查时若能看到一条均匀而微弱的光线，说明工件表面在所检测的方位平直。在使用刀口尺时，应轻拿轻放，不可在被测量表面上来回拖动，以免磨损。刀口尺及检测直线度方法如图 TYBZ00908001-3 所示。

用刀口尺检测表面平面度的方法如图 TYBZ00908001-4 所示，即用刀口尺在不同方位检测后，综合判断工件表面的平面度误差。

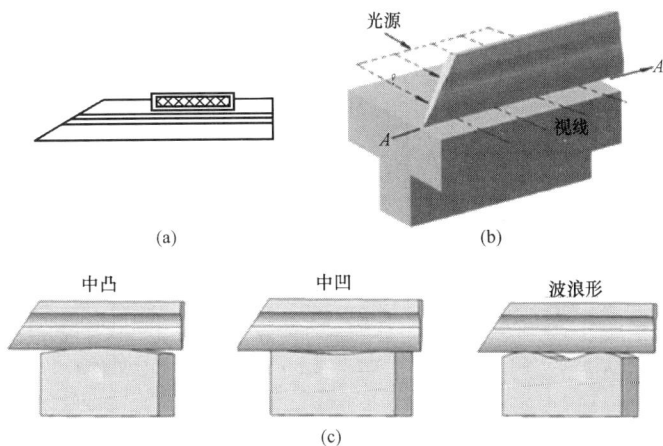

(a)　(b)

(c)

图 TYBZ00908001-3　刀口尺及检测直线度的方法

（a）刀口尺外形；（b）透光法检测原理；（c）刀口尺检测情况分析

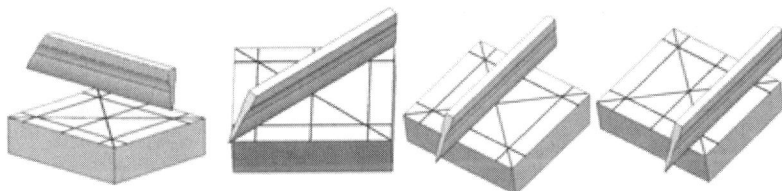

图 TYBZ00908001-4　刀口尺检测工件平面度

3. 直角尺

如图 TYBZ00908001-5 所示，作为测量工具，直角尺主要用于测量工件的垂直度。一般常用的规格有 125mm×80mm、63mm×40mm 等几种。

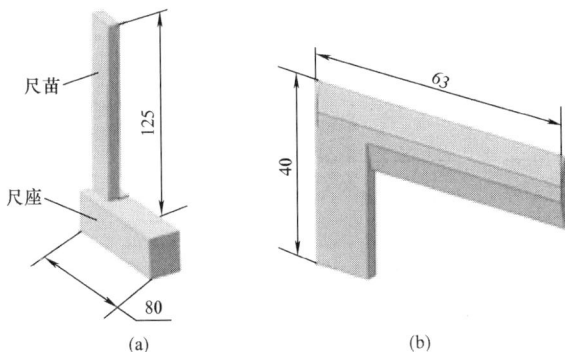

(a)　(b)

图 TYBZ00908001-5　直角尺

（a）宽座直角尺；（b）刀口直角尺

TYBZ00908001

模块 1

与刀口尺相似，用直角尺测量工件相邻表面垂直度时，同样采用透光法检测。图 TYBZ00908001-6（a）是用直角尺测量工件相邻外表面垂直度时的检测情况，图 TYBZ00908001-6（b）所示是用直角尺测量工件相邻内表面垂直度时的检测情况，图 TYBZ00908001-6（c）所示是直角尺的正确使用方法，图 TYBZ00908001-6（d）所示是直角尺的错误使用方法。

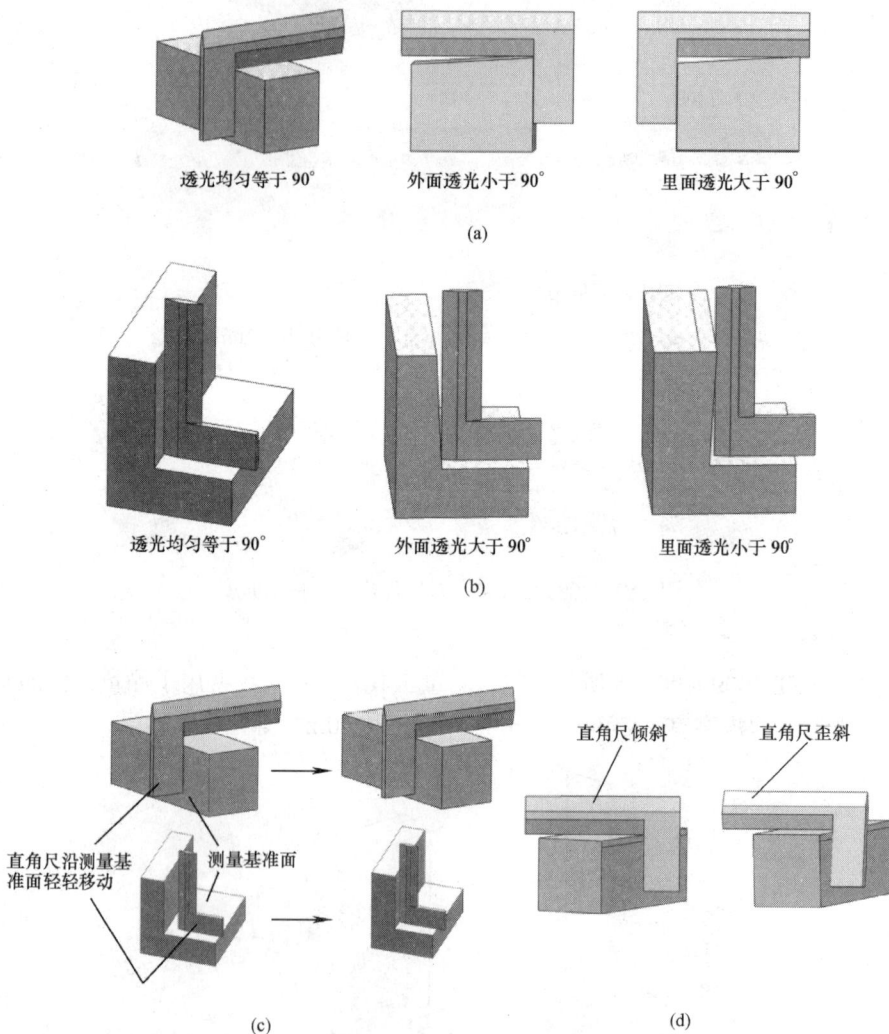

透光均匀等于 90°　　　外面透光小于 90°　　　里面透光大于 90°

(a)

透光均匀等于 90°　　　外面透光大于 90°　　　里面透光小于 90°

(b)

直角尺沿测量基准面轻轻移动　　测量基准面

直角尺倾斜　　　直角尺歪斜

(c)　　　　　　　　　　　(d)

图 TYBZ00908001-6　直角尺用法

（a）用直角尺测量工件相邻外表面的垂直度；　（b）用直角尺测量工件相邻内表面的垂直度；

（c）直角尺正确使用方法；　（d）直角尺错误使用方法

二、常用游标类量具的原理及使用

（一）游标卡尺的原理及使用

1. 游标卡尺的构造及原理

游标卡尺是一种中等精度的量具，其最小测量值为 0.02mm，可以直接测量出工件的外径、孔径、长度、宽度、深度和孔距等尺寸。图 TYBZ00908001-7（a）所示是普通游标卡尺的外形及结构；图 TYBZ00908001-7（b）所示是带微调装置的游标卡尺。

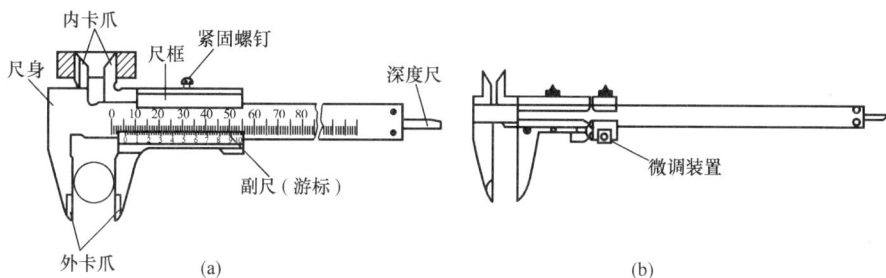

图 TYBZ00908001-7　常用游标卡尺的构造

（a）普通游标卡尺的外形及构造；（b）带微调装置的卡尺外形及构造

两者的区别在于：普通型游标卡尺松开尺框上的紧固螺钉后，尺框带动游标沿尺身滑动，当卡爪测量面与零件被测面接触后，靠右手的推力控制接触面贴紧程度，读出被测尺寸；带微调装置的游标卡尺，需要将尺框和微动装置上的紧固螺钉同时松开，尺框才能带动游标移动，当卡爪测量面与零件被测面接触后，可先将尺框上的微调装置锁紧，然后旋动微动装置，使测量爪与被测面接触更紧，再将尺框上的螺钉也锁紧，从而得到更精确的测量结果。

2. 精度 0.02mm 游标卡尺的刻线原理

如图 TYBZ00908001-8 所示，主尺每小格为 1mm，当两爪合并时，游标上的 50 格刚好等于主尺上的 49mm，则

$$游标每格间距 = 49mm \div 50 = 0.98mm$$

$$主尺每格间距与游标每格间距相差 = 1mm - 0.98mm = 0.02mm$$

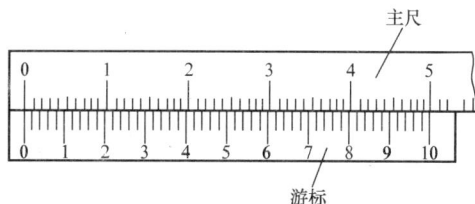

图 TYBZ00908001-8　精度 0.02mm 游标卡尺刻线原理

0.02mm 即是游标卡尺的精度值。换句话说，精度为 0.02mm 的游标卡尺其测量出的最小示值为 0.02mm。

3. 游标卡尺的读数方法

在图 TYBZ00908001-9 中，游标零线在 34mm 与 35mm 之间，游标上的第 24 格刻线与主尺刻线对准。所以，被测尺寸的整数部分为 34mm，小数部分为 24×0.02mm=0.48mm，被测尺寸为 34mm+0.48mm=34.48mm。

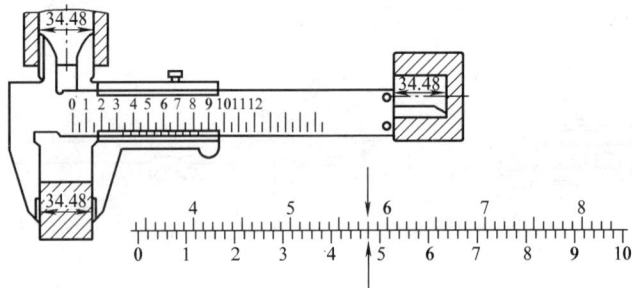

图 TYBZ00908001-9　游标卡尺读数举例

由上可知，用游标卡尺测量后的读数方法如下：

（1）确定整数值。副尺零刻线前面的毫米整数，如上例中的 34mm。

（2）通过观察，判断小数值是否大于 0.5mm，若判断小数值大于 0.5mm，则观察副尺上刻度数"5"后面的对齐刻线；若判断小数值小于 0.5mm，则观察副尺上刻度数"5"前面的对齐刻线。如上例中找到的副尺刻度数"4"后面第 4 格与主尺对齐了，于是得知小数值为 0.48mm。

（3）最后测量结果为毫米整数值+小数值。

4. 游标卡尺的使用方法

（1）用游标卡尺测量后，进行读数时，应水平拿着卡尺，朝着亮光的方向，使人的视线尽可能与卡尺的刻线表面垂直，以避免由于视线的歪斜造成读数误差。

（2）游标卡尺的具体使用方法如图 TYBZ00908001-10～图 TYBZ00908001-14 所示。

（二）游标高度尺

如图 TYBZ00908001-15（a）和图 TYBZ00908001-15（b）所示，游标高度尺的刻线原理及读数方法与游标卡尺完全相同，主要适用于零件上已加工表面的测量与划线；如图 TYBZ00908001-15（c）所示，游标深度尺用于测量孔或槽的深度。

游标深度尺的刻线原理及读数方法与游标卡尺完全相同，主要用于测量孔、槽的深度和台阶的高度。

(a)

零线对齐

两卡脚测量面
应贴合无缝隙

主尺与副尺
零线未对齐

副尺松动而歪斜
（缺少弹簧片未压紧）

卡尺测量爪有间隙

(b)

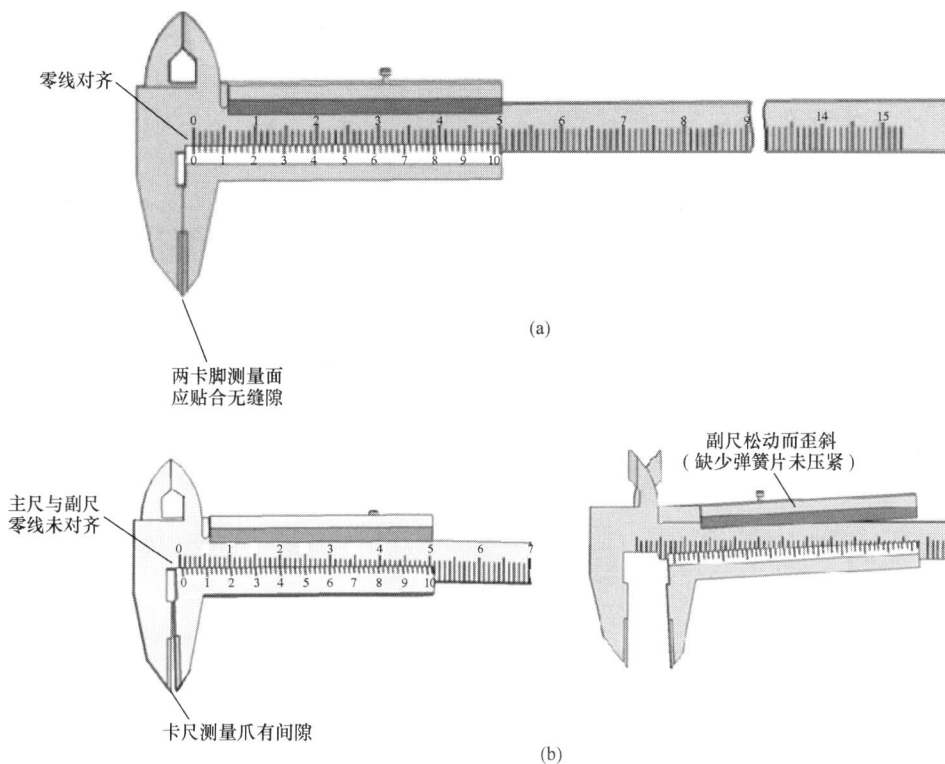

图 TYBZ00908001-10　游标卡尺使用前的检查

（a）检查后符合使用要求的卡尺；（b）检查后不能使用的卡尺

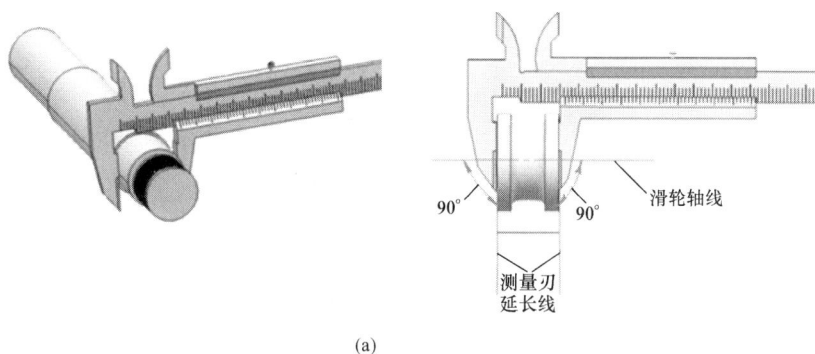

90°　　90°

滑轮轴线

测量刃
延长线

(a)

图 TYBZ00908001-11　测量外形尺寸时正确与错误的位置（一）

（a）正确的测量方法

国家电网公司生产技能人员职业能力培训通用教材 钳工基础

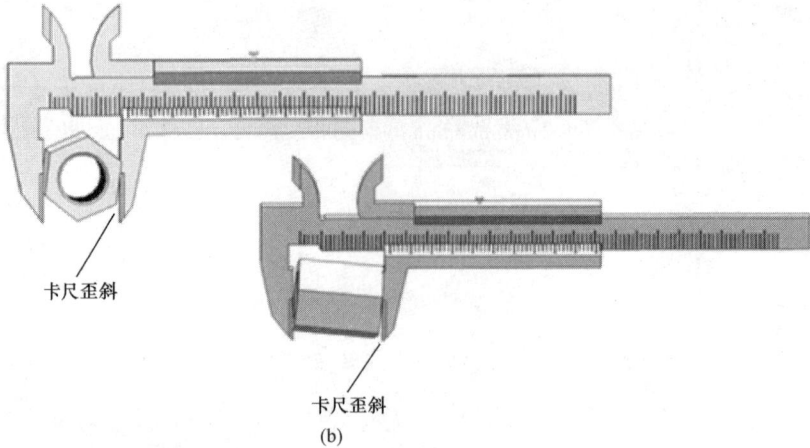

卡尺歪斜

卡尺歪斜

(b)

图 TYBZ00908001-11 测量外形尺寸时正确与错误的位置（二）

（b）错误的测量方法

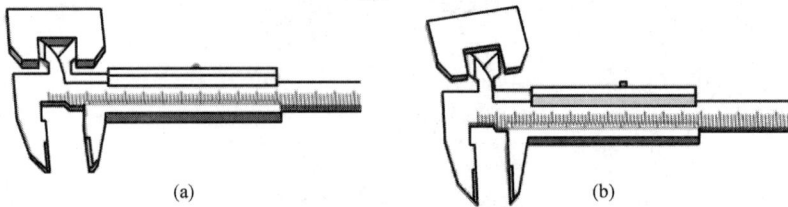

(a)   (b)

图 TYBZ00908001-12 测量沟槽宽度时正确与错误的位置

（a）正确的测量方法；（b）错误的测量方法

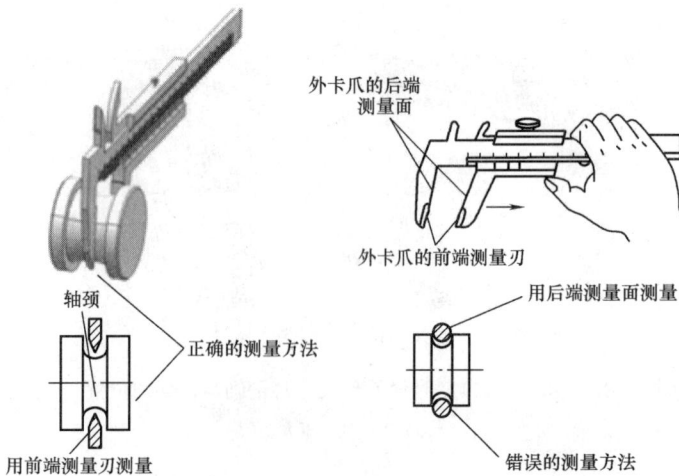

外卡爪的后端
测量面

外卡爪的前端测量刃

用后端测量面测量

轴颈

正确的测量方法

错误的测量方法

用前端测量刃测量

图 TYBZ00908001-13 测量沟槽内径时正确与错误的测量方法

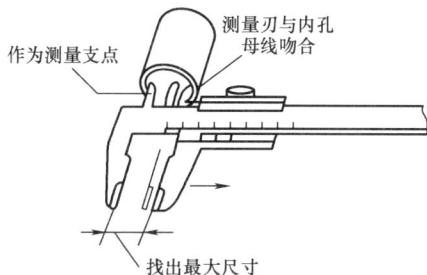

测量刃与内孔
母线吻合

作为测量支点

找出最大尺寸

图 TYBZ00908001-14　测量内孔径的方法

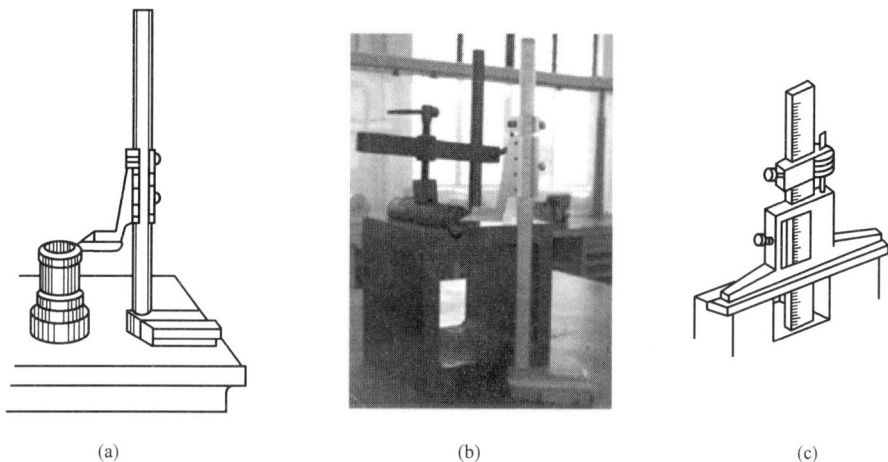

（a）　　　　　　　　　　（b）　　　　　　　　　　（c）

图 TYBZ00908001-15　游标高度尺和游标深度尺

（a）游标高度尺用于测量；（b）游标高度尺用于划线；（c）游标深度尺

三、水平仪的测量原理及使用方法

1. 水平仪的结构及读数方法

水平仪主要用于检测机械设备安装面的平面度、机件的相对位置的平行度，以及设备的水平位置与垂直位置。常用的水平仪有普通水平仪和合像水平仪两种，由于普通水平仪在基座安装时应用较广泛，故这里只对普通水平仪的使用问题进行详细介绍。

如图 TYBZ00908001-16 所示，普通水平仪有长条形和方框形两类。它由框架和水准器两部分组成，框架的测量面上有

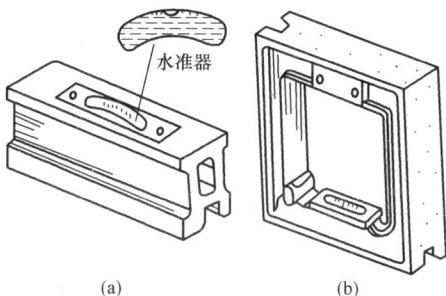

水准器

（a）　　　　　　（b）

图 TYBZ00908001-16　普通水平仪

（a）条形水平仪；（b）框式水平仪

V 形槽，以便放置在圆柱形的表面上；水准器为一弧形玻璃管，玻璃管的上方外表面有刻线，内装乙醚或酒精，但不装满，留有一个小气泡，这个气泡永远处在玻璃管的最高点。若水平仪处在水平位置，则气泡位于玻璃管的中央位置；若水平仪倾斜一个角度，则气泡就向高处移动。根据气泡在玻璃管内移动的距离，即可知道平面的平直度和倾斜度。

如图 TYBZ00908001-17 所示是用水平仪测量时，气泡移动格数的计算方法。在判别时，首先确定两测量基线的位置，然后从气泡左右两圆弧边缘计起。

图 TYBZ00908001-17（a）气泡在中间位置，说明两端一样高；图 TYBZ00908001-17（b）气泡整体向右移动了 1 格，说明右端比左端高出 1 格；图 TYBZ00908001-17（c）气泡整体向左移动了 2 格，说明左端比右端高出 2 格。

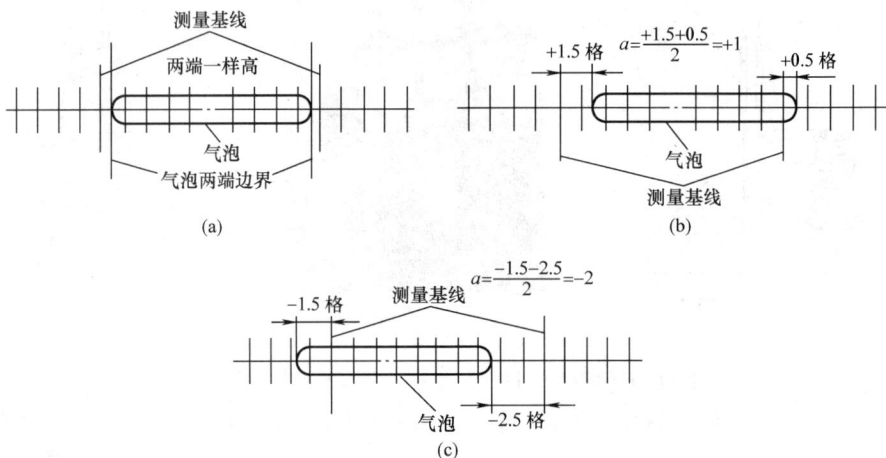

图 TYBZ00908001-17　水平仪气泡移动格数的判断

（a）气泡整体处于中间位置；（b）气泡整体处于右端位置；（c）气泡整体处于左端位置

2. 框式水平仪的刻线原理

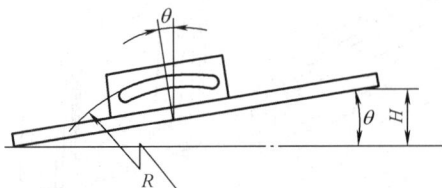

图 TYBZ00908001-18　普通水平仪的刻线原理

如图 TYBZ00908001-18 所示，边长为 300mm×300mm，精度（刻度分划值或水准器格值）为 0.02mm/m 的水平仪，当气泡移动一格时，水平仪的底面倾斜角度为 $4''$，1m 内的高度差为 0.02mm；现水平仪边长为 300mm，当气泡移动一格时，水平仪两端高度差 h 可做如下计算：

$$0.02（mm/格）:1000mm = h:300mm$$

$$h=0.006（mm/格）$$

即气泡移动一格，300mm×300mm 水平仪两端高度差为 0.006mm。

3. 框式水平仪的测量实例

框式水平仪可用于测量安装基面的倾斜度、机床导轨的直线度及平面度，这里只介绍用框式水平仪测量安装基面倾斜度的方法。

（1）安装基面的倾斜程度可用倾斜角来表示。即平面倾斜角=每格的倾斜角×气泡移动的格数。

如图 TYBZ00908001-19 所示的安装基面，可用水平仪测量其横向倾斜度和纵向倾斜度。现要求测出其气泡倾斜格数，并判断安装面两端高低（这里不考虑安装槽钢本身的弯曲）。

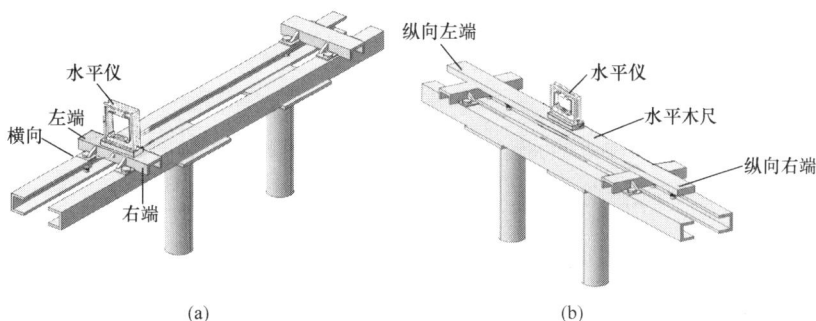

图 TYBZ00908001-19　用水平仪测量安装基面的平直度

（a）用水平仪测量安装基面横向水平度；（b）用水平仪测量安装基面纵向水平度

如图 TYBZ00908001-19（a）所示，如用精度值为 0.02mm/m 的水平仪，测量安装面横向倾斜度，所测量的总长度为 800mm，气泡整体向右移动的格数为 3 格，则其横向倾斜角为 $\theta=4''×3=12''$。槽钢安装基面横向右端比左端高，即横向右端向上倾斜了 12″。

（2）安装基面的倾斜程度还可用安装面两端高度差来表示。即被测面全长上的高度差=水平仪的精度值×气泡移动的格数×被测面长度。

如图 TYBZ00908001-19（b）所示，如用精度值为 0.02mm/m 的水平仪，测量安装面纵向倾斜度，测量长度为 3500mm，气泡整体向左移动的格数为 6 格，则其安装面纵向倾斜度可用两端高度差表示。即

$$H=(0.02/1000)×6×3500=0.42（mm）$$

计算结果说明，槽钢安装基面纵向左端比右端高出 0.42mm。

（3）在安装基面倾斜度误差太大、水平仪气泡超出刻线之外、无法正常读数的情况下，应先判断低端，然后在水平仪低端一侧垫上塞尺或垫片，初步找正，待水

平仪气泡回到刻线读数范围以内后进行读数（此格数设为 A_1），最后将塞尺或垫片厚度折算为气泡格数（此格数设为 A_2），将两次读出的格数相加（$A=A_1+A_2$）后，通过上述计算公式算出安装面两端高度差。

如图 TYBZ00908001–20 所示，为安装基面倾斜度误差太大时的测量情况。现在通过测量，计算上例中安装面的高度误差。

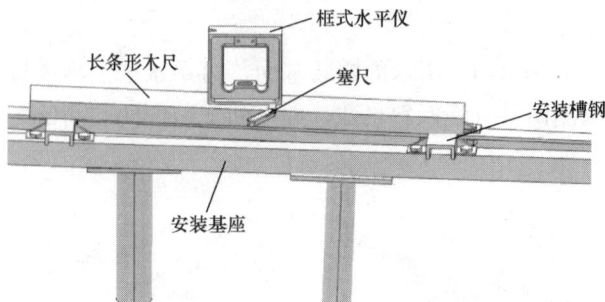

图 TYBZ00908001–20　用框式水平仪测量安装误差

1）垫上塞尺后，若水平仪气泡向左整体移动的格数 A_1 为 6 格。

2）若所垫塞尺片厚度为 0.12mm，即水平仪两端高度差为 0.12mm。根据前述，精度为 0.02mm/m、尺寸为 300mm×300mm 的水平仪，气泡每移动 1 格，水平仪两端高度差为 0.006mm。现塞尺片厚度 0.12mm，折算为水平仪气泡移动的格数值 A_2=0.12mm/0.006mm 格=20 格。

3）两次叠加累计的格数值 A 为 26 格。

4）安装面纵向倾斜度可用两端高度差表示，即

$$H=(0.02/1000)\times26\times3500\approx1.82\ （mm）$$

计算结果表明，槽钢安装基面纵向左端比右端高出 1.82mm。

5）测量完毕后，可通过在安装槽钢两端加垫片的方式进行调整，但要注意加垫片数量一般不能超过 3 片。

4. 水平仪的使用要求和注意事项

（1）使用水平仪时，动作要稳，避免振动；水平仪若需滑动，应在其测量面垫一条形滑块滑动，以防磨损水平仪测量面。

（2）保证水平仪测量面与垫铁、被测面充分接触，被测面若有锈蚀、脏物，应立即清除，必要时可用细砂布，将被测面抛光，使用完后注意防锈。

（3）观察水平仪的格值时，视线要垂直于水平仪观察面。

（4）水平仪使用前，应将水平仪底面和被测面用布擦干净，被测面不允许有锈蚀、油垢、伤痕等，必要时可用细砂布将被测面轻轻砂光。

（5）若要移动水平仪，只能拿起再放下，不许拖动，以免磨伤水平仪底面。

（6）水平仪使用前可检查其读数误差，其方法是：第一次读数后，将水平仪在原位（用铅笔划上端线）掉转180°再读一次，若两次气泡均在同一位置，说明水平仪是准确的；若不准确，可进行校正；或取两次读数的平均值。

四、量具及量仪的保养

量具及量仪都属贵重仪器，日常维护保养的好坏直接影响它们的使用寿命和精度，故日常要做到精心保养，科学维护。

（1）在使用过程中，应合理选择量具及量仪，使用时不得超过量具及量仪的允许量程，也不允许用精密量具和量仪测量毛坯件，包括未清理的铸锻件、带焊渣表面、锈蚀严重及凸凹不平的表面。

（2）量具应定期校验，不符合技术要求或检验不合格的量具禁止使用。

（3）在使用量具及量仪时，应轻拿轻放，并随时注意防湿、防尘、防振，用完后立即揩净，并即时涂油，装入专用盒内。

五、常用长度计量单位

表 TYBZ00908001-1 所示为常用长度计量单位。

表 TYBZ00908001-1　　　　常 用 长 度 计 量 单 位

常用单位名称	符　　号	对比基准单位
米	m	基准单位
分米	dm	0.1m
厘米	cm	0.01m
毫米	mm	0.001m
忽米	cmm	0.00 001m
微米	μm	0.000 001m

【思考与练习】

1. 如图 TYBZ00908001-21 所示为游标卡尺测量零件尺寸后所得的两组结果，试正确读出其测量结果。

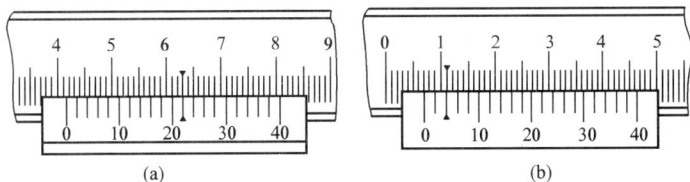

(a)　　　　　　　　(b)

图 TYBZ00908001-21　游标卡尺测量实例

2. 简述游标卡尺使用注意事项。

3. 简述框式水平仪的使用注意事项。

模块 2 常用手动工具 (TYBZ00908002)

【模块描述】本模块介绍了日常安装及检修工作中常用的一些手动工具。通过对常用手动工具结构、功能、使用方法及操作注意事项的讲解,掌握常用手动工器具使用和维护的技能。

【正文】

一、夹持工具

(一)台虎钳

台虎钳是一种装在工作台上供夹持工件用的夹具,分为固定式和回转式两种,见图 TYBZ00908002-1。台虎钳的大小是以钳口宽度来表示的,常用的有 100、125、150mm 等几种规格。

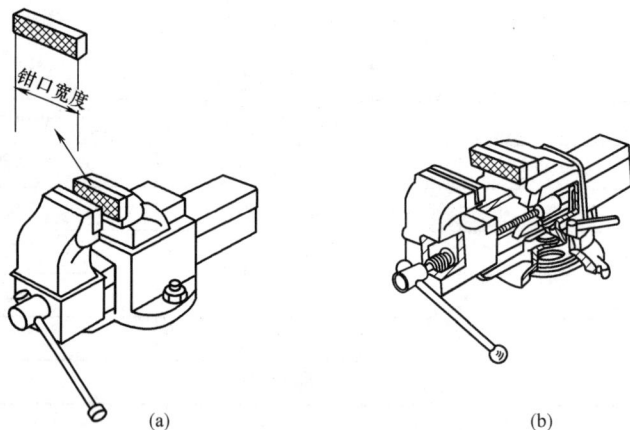

(a)   (b)

图 TYBZ00908002-1 台虎钳外形

(a)固定式; (b)回转式

1. 台虎钳的结构

台虎钳用螺栓紧固在钳台上,其结构如图 TYBZ00908002-2 所示。其张开或合拢,是靠活动钳身中的丝杠与固定钳身内的丝母产生螺旋传动而形成的。回转式台虎钳的转盘座上有锁紧手柄,手柄前端是外螺纹,与虎钳底座上的回转盘相配合。根据需要,松开锁紧手柄,钳身便可圆周回转;当回转至所需位置的,可将锁紧手柄拧紧。

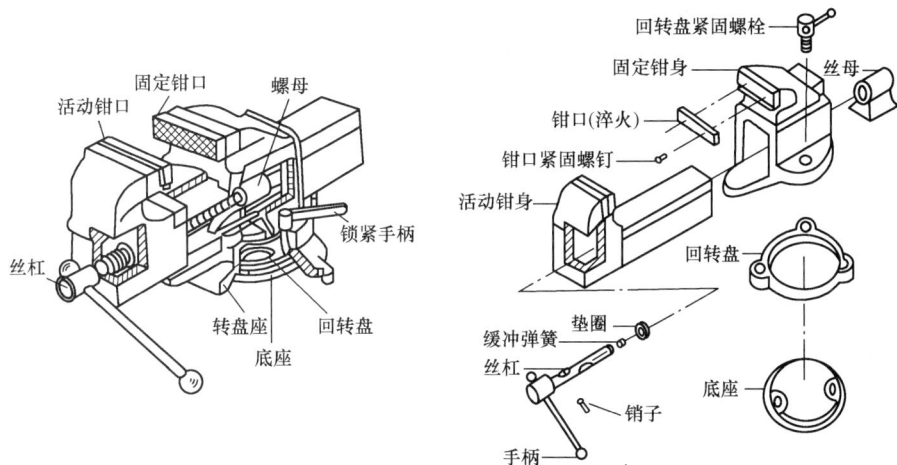

图 TYBZ00908002-2　台虎钳的构造

2. 台虎钳的使用注意事项

台虎钳的使用注意事项，如图 TYBZ00908002-3～图 TYBZ00908002-8 所示。

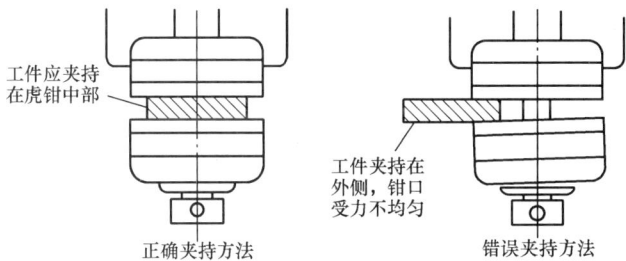

图 TYBZ00908002-3　虎钳的夹持方法

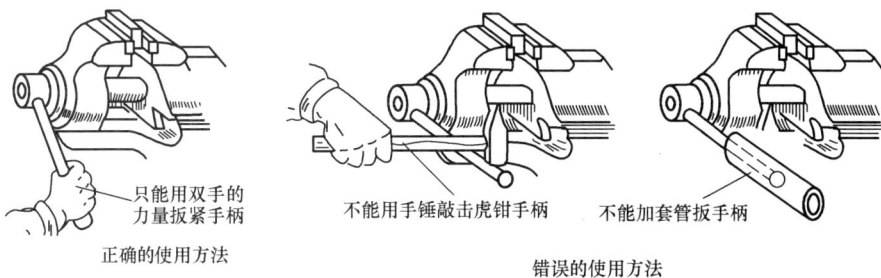

图 TYBZ00908002-4　虎钳手柄使用要求

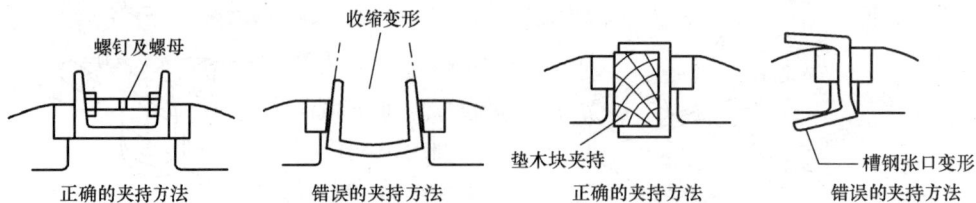

图 TYBZ00908002-5 槽钢的夹持方法（一）　图 TYBZ00908002-6 槽钢的夹持方法（二）

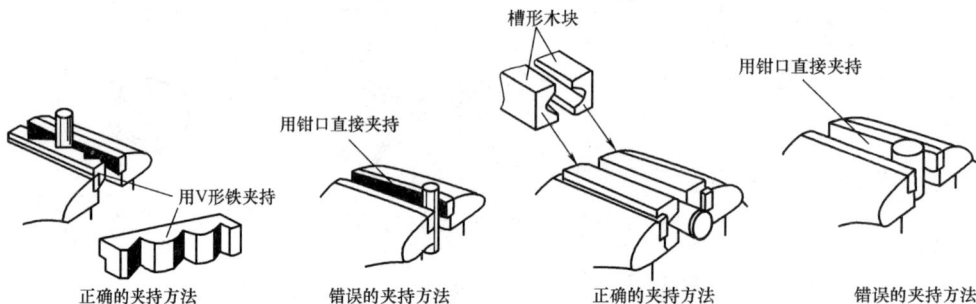

图 TYBZ00908002-7 圆棒料的夹持方法　　图 TYBZ00908002-8 管子的夹持

3. 台虎钳的保养

（1）台虎钳安装在钳台上，必须使固定钳身的钳口工作面处于钳台边缘之外，以保证夹持长条工件时，工件的下端不受钳台边缘的阻碍。

（2）台虎钳必须牢固地固定在钳台上，两个紧固螺栓必须拧紧，这样才能确保工作时钳身不产生松动，否则容易损坏台虎钳，影响工作质量。

（3）进行强力作业时，应使锤击力朝向固定钳身，否则将造成丝杠或丝母的损坏。严重时会将折断丝母，使台虎钳不能正常使用。

（4）不要在活动钳身的钳砧座上进行敲击作业，否则将降低两钳身的配合性能，从而降低虎钳使用寿命。

（5）丝杠、丝母和其他活动表面要经常清理污物，并保持清洁；丝杠与丝母应定期加注黄油润滑，以延长虎钳的使用寿命。

（二）桌虎钳和手虎钳

如图 TYBZ00908002-9 所示，是常用桌虎钳的结构，钳口宽度一般不超过 50mm，主要用于小型工件的夹持，如夹持小型工件进行修配等。

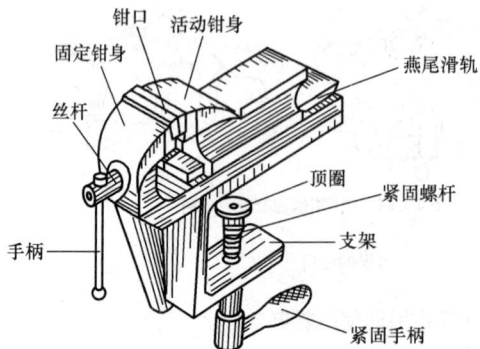

图 TYBZ00908002-9 桌虎钳

图 TYBZ00908002-10 所示是钳工常用的手虎钳，结构较为简单，但很实用，常用于夹持小型板料或小型工件在台钻上进行钻孔操作（如图 TYBZ00908002-11 所示）。但要注意夹持工件钻孔时，一定要将蝶形螺母拧紧。

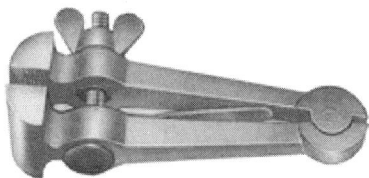

图 TYBZ00908002-10　手虎钳

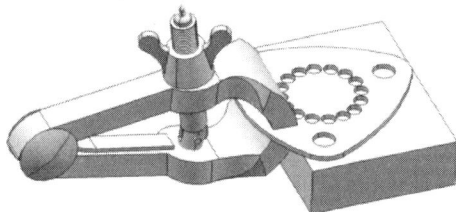

图 TYBZ00908002-11　用手虎钳夹持小型板料钻孔

二、扳手

1. 活动扳手及用法

如图 TYBZ00908002-12（a）所示是活动扳手的构造，其具体使用注意事项如下所述。

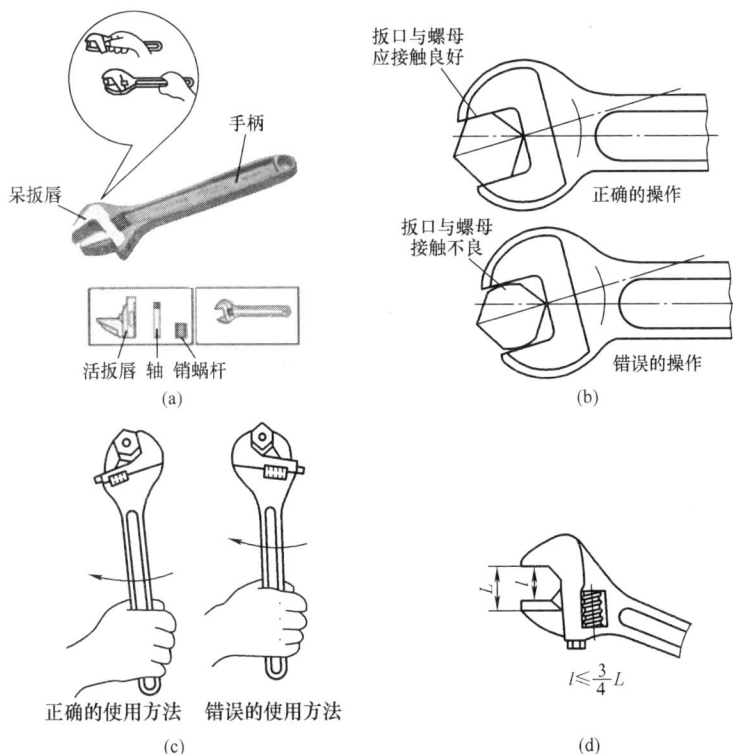

图 TYBZ00908002-12　活动扳手用法

（a）活动扳手结构；（b）扳口与螺母的接触情况；（c）正确与错误的施力方法；（d）活动扳手的开度要求

（1）扳口的两内侧面应与螺母两对称侧面接触良好，否则不但不能将螺母松开或拧紧，而且易造成扳手损坏。如遇图 TYBZ00908002-12（b）所示情况，应先修整螺母对边达到平面度要求，再用扳手进行拧松或拧紧操作。

（2）使用扳手时，不允许用手锤锤击扳手手柄，以冲击力松紧螺母；不允许加套管（专用呆扳手除外），以增加扳转力矩。

（3）使用活动扳手时，扳口应将螺母两对称侧面夹紧，且扳转力的方向应朝向呆扳唇，如图 TYBZ00908002-12（c）所示。

（4）活动扳手的使用开度不得超过扳手最大开度的 3/4，如图 TYBZ00908002-12（d）所示。

（5）扳动扳手手柄的力应由小到大，均匀施力；如需用较大的力量扳动扳手，应将未工作手臂抓牢一固定物，使身体保持平衡，且不可没有依靠地用猛力扳动扳手，以防造成事故。

2. 其他常用扳手及用法

表 TYBZ00908002-1 所示为其他常用扳手及用法。

表 TYBZ00908002-1　　　　其他常用扳手及用法

扳手名称	图　例	结构及使用特点
开口扳手（呆扳手）	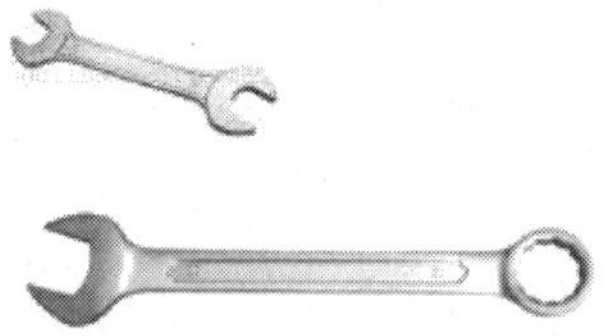	开口尺寸是与螺母或外六方螺栓对边间距的尺寸相适应的，并根据标准尺寸做成一套。常用六角螺母与开口扳手规格可对照表 TYBZ00908002-2
整体扳手	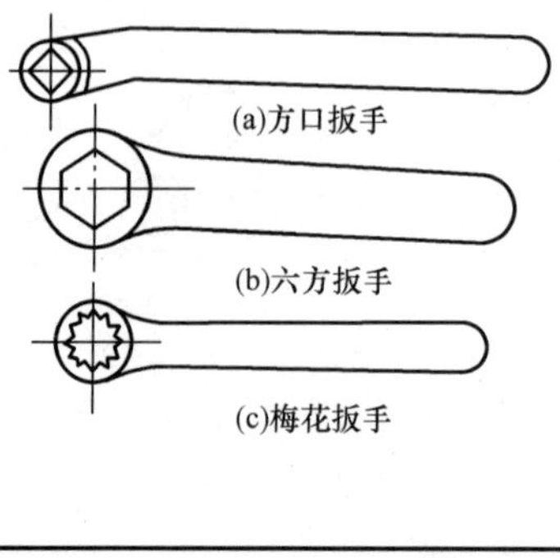 (a)方口扳手 (b)六方扳手 (c)梅花扳手	（1）根据螺母形状制成，根据螺母规格成套使用。 （2）扳手本身具有强度大、扳转螺母时施力均匀等特点。 （3）螺母在扳转过程中不易打滑、受损，尤其是梅花扳手更具此特点。 （4）梅花扳手只要转过 30°，就可改变扳动方向，通常用于工作空间狭小的场合或拆装位于稍凹处的六角螺母或螺栓

扳手名称	图　例	结构及使用特点
成套套筒扳手		套筒扳手适用于拧转地位十分狭小或凹陷很深处的螺栓或螺母。其使用方法有以下几点： （1）根据被转件选规格，将扳手头套在被扭件上。 （2）根据被扭转件所在位置大小选择合适的手柄。 （3）扭转前，必须把手柄接头安装稳定后才能用力，防止打滑脱落伤人。 （4）扭转手柄时，用力要平稳，用力方向与被扭转工件的中心轴线垂直
内六角扳手		内六角扳手是成L形的六角棒状扳手，也是成套一组，适用于螺钉头部为内六方的场合，现一般规格为M4～M30一套
钩头锁紧扳手	 (a)钩头钳形扳手 (b)U形钳形扳手 (c)冕形钳形扳手 (d)锁头钳形扳手	钩头扳手又称月牙形扳手，用于松开或紧固厚度受限制的扁螺母以及定位圆螺母等
棘轮扳手		拧紧螺母时，正转手柄，棘轮就在弹簧的作用下进入内六角套筒的缺口（棘轮）内，套筒便跟着转动；当反向转动手柄时，棘爪就从套筒缺口的斜面上滑过去，因而螺母（或螺钉）不会随着反转。将扳手翻转180°使用，即可松开螺母。棘轮扳手主要适用在拆装螺纹连接时，身体及两手不便同时用力的场合，如高空安装作业等，故在现场安装及检修工作中应用日益广泛

扳手名称	图　例	结构及使用特点
测力扳手	指针不受力 杆受力弯曲	测力扳手有一根长的弹性杆，其一端装着手柄，另一端装有方头或六角头，在方头或六角头上套装一个可换的套筒用钢珠卡住，在顶端上还装有一个长指针。刻度扳固定在柄座上，每格刻度值为1N。当要求一定数值的旋紧力，或几个螺母（或螺钉）需要相同的旋紧力时，则用这种扳手。 　测力扳手，只能指示拧紧时的扭矩值，而不能控制用力的大小，即不能控制扭矩的大小
扭矩扳手	扭矩值刻线 压缩量 扳动时的状态 最大值 保护器 指针 "0"点调节盘 顶点调节器 大力方头 封面	用扭矩扳手来拧紧连接螺母时，可有效地控制扭矩值。扭力扳手在使用前，应先将扭矩值调整好，当扭力达到设定的扭矩值时，工具便会发出音响或灯光信号。扭力扳手通常适用于对扭矩大小有明确规定的装配工作中。表TYBZ00908002-3 是常用钢制螺栓的紧固力矩值

模块 2　TYBZ00908002

　　操作人员应熟悉常用六角螺母的对边距尺寸，只有这样才能快速判断所用扳手的规格。表 TYBZ00908002-2 列举了常用六角螺母的对边距尺寸，使用时可进行参考。

表 TYBZ00908002-2　　常用六角螺母与开口扳手规格对照　　　　　　　　mm

螺母规格	M5	M6	M8	M10	M12	M14	M16	M18	M20	M22	M24	M27	M30	M36	M42
开口扳手规格	10	12	14	17	19	22	24	27	30	32	36	41	46	55	65

表 TYBZ00908002-3　　　　　常用钢制螺栓的紧固力矩值

螺栓规格（mm）	力矩值（N·m）	螺栓规格（mm）	力矩值（N·m）
M8	8.8～10.8	M16	78.5～98.1
M10	17.7～22.6	M20	98.0～127.4
M12	31.4～39.2	M24	156.9～196.2
M14	51.0～60.8	M30	458.8～589.6

三、钢丝钳和尖嘴钳

1. 钢丝钳

如图 TYBZ00908002-13 所示，钢丝钳钳口主要用来弯绞或钳夹铁丝、钢丝、铜线、铝线等；齿口一般用来破坏性地夹紧或拧动螺栓、螺母、销子等；切口用于切断金属线，铡口用于铡切硬金属丝线。钢丝钳有绝缘柄和裸柄两种。绝缘柄钢丝钳为电工专用钳，常用的有 150、175 和 200mm 三种规格。其使用注意事项有以下几点：

（1）使用前，应检查绝缘柄的绝缘是否良好。

（2）用电工钳剪切带电导线时，不得用钳口同时剪切相线和零线，或同时剪切两根相线，那样均会造成线路短路。

（3）钳头不可代替手锤作为敲打工具。

2. 尖嘴钳

如图 TYBZ00908002-14 所示，尖嘴钳的主要用途是弯绞或剪断细小金属丝，或在装配时用于夹持较小螺钉、垫圈或线圈等。尖嘴钳也有裸柄和绝缘柄两种，电工禁用裸柄尖嘴钳。尖嘴钳的注意事项有以下几种：

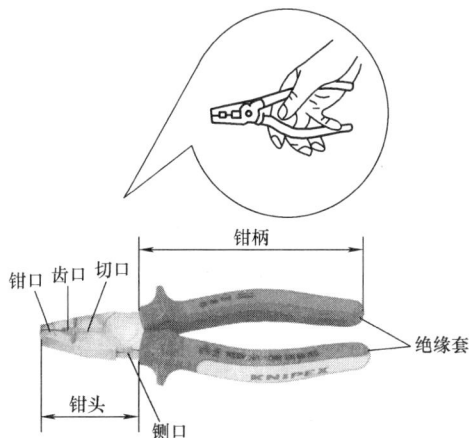

图 TYBZ00908002-13　钢丝钳

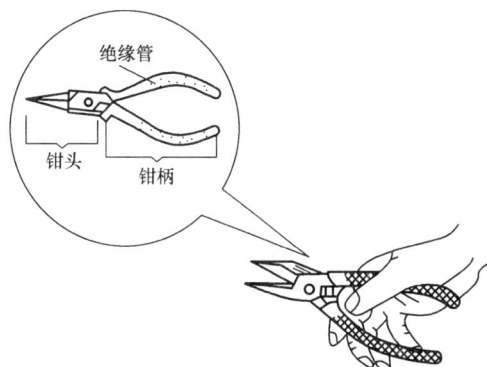

图 TYBZ00908002-14　尖嘴钳

（1）电器维修必须用绝缘柄尖嘴钳。

（2）使用时不能用尖嘴去撬工件，以免钳嘴撬变形。

（3）刃口尖嘴钳只能剪切金属丝，不能剪钢质粗丝。

（4）带电作业前，必须检查绝缘套是否漏电。

【思考与练习】

1. 简述台虎钳的使用与维护注意事项。

2. 简述活扳手及套筒扳手的使用要求。

3. 简述测力扳手和扭矩扳手的使用原理。

模块3　常用电动工具（TYBZ00908003）

【模块描述】 本模块介绍了常用电动工具。通过对常用钻削工具及磨削工具结构原理、功能、使用方法和使用注意事项的描述，掌握常用电动工器具的使用和维护方法。

【正文】

一、钻削工具的使用及维护

1. 手电钻及使用方法

如图 TYBZ00908003-1 所示，手电钻主要由电动机、减速箱、开关、外壳、电源线、钻夹头或圆锥套筒等组成，分为手枪式和手提式两种。根据钻孔最大直径，常用的规格有 6、10 和 13mm 三种。通常 6 和 10mm 两种规格的为手枪式，直径 13mm 以上的为手提式。从转速上看，小规格手电钻转速较高，如直径为 6mm 的手电钻转速在 1200r/min 左右，而直径为 13mm 的手电钻转速在 550r/min 左右，也有部分手电钻有调速功能。手电钻通常采用电压为 220V 的交流电动机（目前也有使用 12V 可充电电池的），配有钻夹头，用来夹持、紧固钻头。

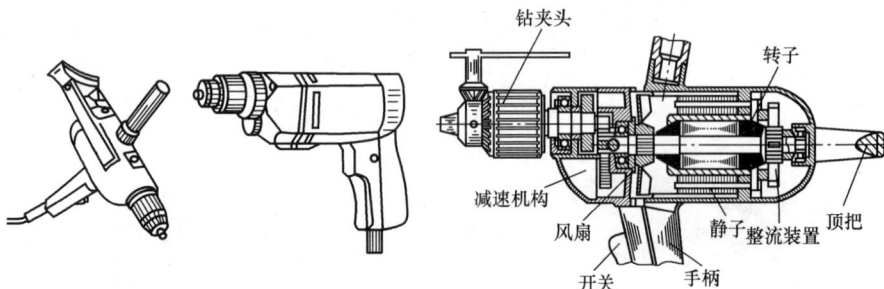

图 TYBZ00908003-1　手电钻

使用手电钻时，先用钥匙拧松钻夹头，将选定的钻头柄部塞入钻夹头的三爪卡内，用钥匙旋紧钻夹头。工件应按要求划线、打样、冲眼并固定牢靠；要先进行试钻，使试钻出的浅坑保持在中心位置。操作要平稳，钻削进给压力不宜过大，并要经常退钻排屑。

手电钻的安全使用注意事项有以下几点：

（1）使用前应检查手电钻的技术状态是否完好，电缆线有无破损、开裂，有问题应及时修复或更换。

（2）使用的电源要符合电钻标牌规定。

（3）手电钻外壳要采取接零或接地保护措施。插上电源插销后，要先用试电笔测试，外壳不带电方可使用。

（4）钻头必须锋利，钻孔时用力要适度，不宜过猛。

（5）在钻削过程中，当手电钻的转速突然降低或停止转动时，应快速放松开关，切断电源，慢慢拔出钻头。当孔将要钻通时，应适当减轻手臂压力。

（6）使用手电钻时，要注意观察电刷火花的大小，若火花过大，应停止使用并进行检查与维修。

（7）在有易燃、易爆气体的场合，不能使用手电钻。

（8）不要在运行的仪表和计算机旁使用手电钻，更不能与操作的仪表和计算机共用一个电源。

（9）在潮湿的地方使用手电钻，必须戴绝缘手套，穿绝缘鞋。

（10）注意手电钻的维护与保养，保持整流子清洁，做到定期更换电刷和润滑油。

2. 冲击钻

如图 TYBZ00908003-2 所示，冲击钻的冲击作用是靠机械式冲击的，无缓冲机构，故冲击装置易磨损。因此，若在只需做旋转运动的作业时（如在金属板料或安装支架上钻削金属孔时），可把调节开关调到标记为"旋转"的位置，装上普通麻花钻头，即可作为普通电钻使用。但它的主要功能还是在冲击场合使用，即把调节开关调到标记为"冲击"的位置，并换上前端镶有硬质合金的冲击钻头，即可用来冲打砌块和砖墙等建筑材料的电器安装孔，冲击电钻的加工孔径范围一般为 6～16mm。冲击钻的使用和保养方法与上述手电钻相同。

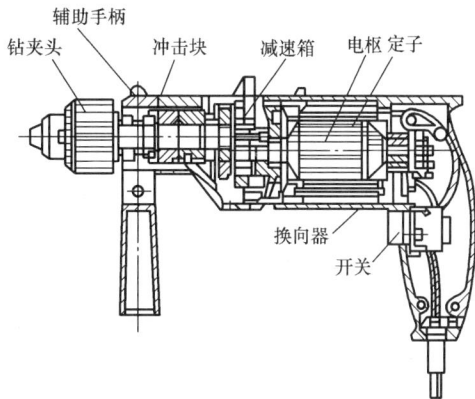

图 TYBZ00908003-2 冲击钻

3. 手扳钻

手扳钻（见图 TYBZ00908003-3）是以手板扳手为动力，以棘轮机构来传动的简单钻具。它适用于受加工件形状或加工部位限制的场合，即有些需要钻孔的场合，钻床、电钻均不能胜任，便可用相应的手扳钻进行钻孔。

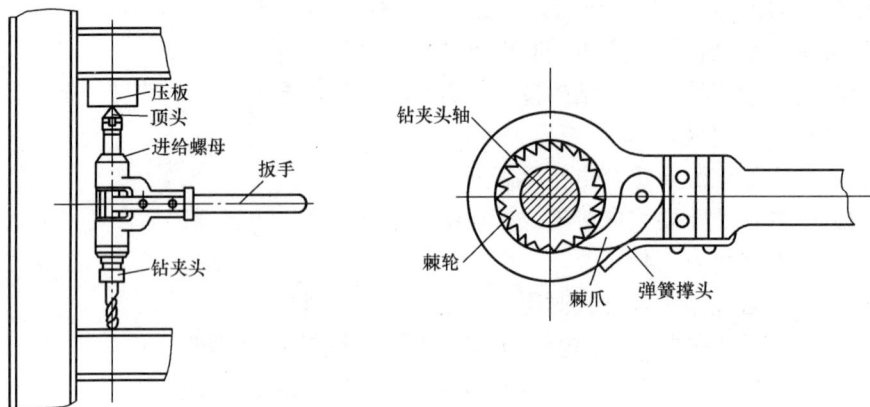

图 TYBZ00908003–3　手扳钻

钻头装夹在钻夹头中，扳钻进给是利用进给螺母里的螺杆作用来推动的。螺杆的顶端有一个顶头顶住压板。钻孔时，用扳手来回扳动弹簧撑头，棘爪就推动棘轮，使钻夹头轴断续向右旋转。同时，慢慢旋出进给螺母，保持轴向进给压力，就能迫使钻头钻入工件。

4. 磁座钻

磁座钻（见图 TYBZ00908003–4）又称吸附电钻，它是将电钻安装在设有电磁吸盘、回转机构、进给装置的机架上，使用时由电磁吸盘吸附在钢架上进行钻孔的。因此，在大型设备或高空设备上钻孔时，磁座钻是最合适的。

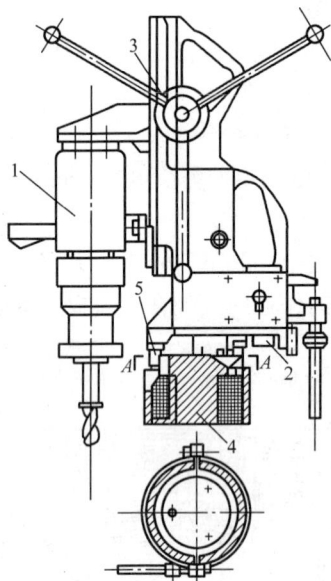

图 TYBZ00908003–4　磁座钻

1—电钻；2—机架；3—进给装置；

4—电磁吸盘；5—回转机构

为确保操作安全，磁座钻配有断电保护控制器，一旦外接电源突然切断，控制器瞬时启动，由磁座钻内电池通过变换器向电磁铁供电，使磁座钻继续吸附 8～10min，同时报警，以保证安全。

二、磨削工具

1. 砂轮切割机

如图 TYBZ00908003–5 所示，砂轮切割机结构原理及操作方法都较为简单，但使用过程中以下几点安全事项要注意。

（1）操作盒或开关必须完好无损，并有接地保护措施。

（2）传动装置和砂轮的防护罩必须安全可靠，并能挡住砂轮破碎后飞出的碎片。端部的挡板应牢固地装在罩壳上，工作时严禁卸下。

（3）切割机底座上 4 个支承轮应齐全完好，安装牢固，转动灵活。

图 TYBZ00908003-5　砂轮切割机

（4）使用时，将切割机放置于远离易燃源和爆炸源的空旷之处，周围应无人员往来，底座平稳地与地面接触，无悬空和晃动现象，且在切割时不得有明显振动。

（5）被割工件应完全放置于夹紧装置的槽中（与底座接触），且下垂的一端要用楔块垫起，确保被割物水平放置。

（6）夹紧装置应操纵灵活、夹紧可靠，手轮、丝杆、螺母等应完好，螺杆螺纹不得有滑丝、乱扣现象，手轮操纵力一般不大于 0.6N。

（7）砂轮头架必须上下抬落自如，无卡阻现象。

（8）砂轮切割机不能反转，否则切割火花易灼伤操作者。

（9）操作人员操纵手柄作切割运动时，用力应均匀、平稳，切勿用力过猛，以免过载使砂轮切割片崩裂。

（10）严禁用切割机切割黏度较大的金属，如铜、铝等材料。

（11）使用完毕，切断电源，整理放置好切割机。

（12）更换砂轮片应注意以下两点：

1）在更换砂轮切割片时，必须切断电源。新安装的砂轮切割片，要符合设备要求，不得安装有质量问题的割片，安装时要按安装程序进行。

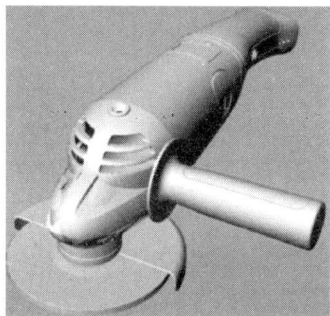

图 TYBZ00908003-6　角向磨光机结构

2）更换砂轮切割片后要试运行，检查是否有明显振动，确认运转正常后方能使用。

2. 角向磨光机的使用及维护

如图 TYBZ00908003-6 所示，电动角向磨光机是利用高速旋转的薄片砂轮、橡胶砂轮、钢丝轮等对金属构件进行加工的，其加工手段包括磨削、切削、除锈、磨光等，也可用来切割小尺寸的钢材。

在使用角向磨光机时，砂轮片应倾斜 15°～

30°，如图 TYBZ00908003-7（a）所示，并按图 TYBZ00908003-7（b）所示方向移动，以使磨削的平面无明显的磨痕，且电动机也不易超载，当用来切割小工件时，应按图 TYBZ00908003-7（c）所示方法进行操作。

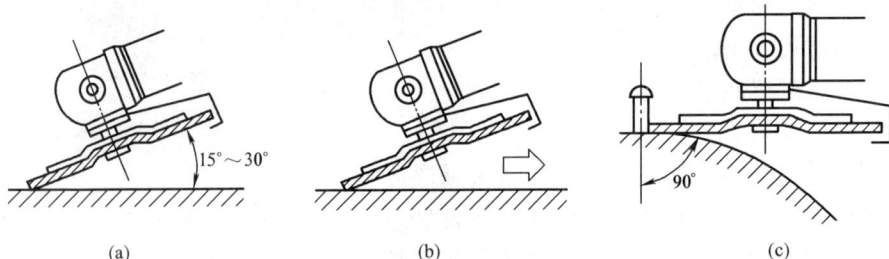

图 TYBZ00908003-7　角向磨光机的使用方法

（a）砂轮片倾斜 15°～30°；（b）移动方向；（c）切割小工件的方法

3. 电磨头的使用及维护

如图 TYBZ00908003-8 所示，电磨头使用时必须注意以下四点：

（1）使用前应开机空转 2～3min，检查旋转声音是否正常。若有异常，则应排除故障后再使用。

（2）新装砂轮应修整后使用，否则所产生的惯性力会造成严重振动，影响加工精度。

（3）砂轮外径不得超过磨头铭牌上规定的尺寸。

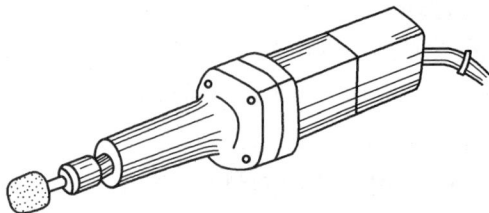

图 TYBZ00908003-8　电磨头

（4）工作时砂轮和工件间的接触力不宜过大，更不能用砂轮冲击工件，以防砂轮爆裂，造成事故。

【思考与练习】

1. 简述手电钻的使用及维护注意事项。

2. 简述砂轮切割机的使用注意事项。

第九章　简单机构的装配与调整

模块 1　螺纹连接（TYBZ00909001）

【模块描述】 本模块介绍螺纹连接的种类及应用、螺纹连接件的拆卸及组装工艺、螺纹连接的损坏形式与修理方法。通过对常用螺纹连接拆卸与组装工艺过程的详细介绍，掌握螺纹连接拆装及检修操作的工艺。

【正文】

一、螺纹连接的种类

螺纹连接通常分为普通螺纹连接和特殊螺纹连接两类。由螺栓或螺钉构成的连接称为普通螺纹连接，如断路器中间机构箱上所采用的三种螺纹连接都是普通螺纹连接（如图 TYBZ00909001–1 所示）。

除普通螺纹连接以外的其他形式的螺纹连接都统称为特殊螺纹连接，如图 TYBZ00909001–2 所示的紧定圆螺母。

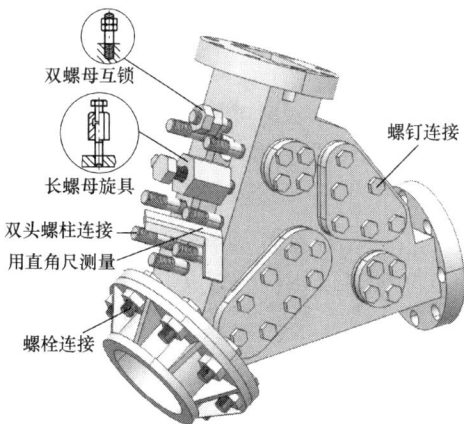

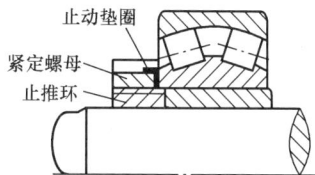

图 TYBZ00909001–1　断路器中间机构箱的螺纹连接　　图 TYBZ00909001–2　特殊螺纹连接

二、螺纹连接的拆卸

螺纹连接的拆卸原则为：螺纹连接虽然拆卸起来较容易，但在实际工作中，可能会因为重视不够、工具选用不当、拆卸方法不正确等原因而造成拆卸的失误，甚至是损坏零件。因此，拆卸螺纹连接件时，一定要注意尽量不用活动扳手进行拆卸工作，尽量选用合适的呆扳手、合适的旋具及专用扳手拆卸。对于较难拆卸的螺纹连接件，应先弄清楚螺纹的旋向，不要盲目乱拧或用过长的加力杆。针对锈蚀、卡死、滑丝等螺纹连接情况，应采取如下方法进行拆卸。

（1）采用松动剂将连接件及连接部位浸透后拆卸。

（2）对于锈死的连接也可用小手锤顺次敲打螺母的六个角面，振松后再拆卸。

（3）当用扳手不能拆卸时，只有采用如下破坏法进行拆卸。

1）用扁錾子剔螺母，使螺母松动后卸下螺母，如图 TYBZ00909001-3（a）所示；若螺母六方侧面变形，錾子无法用力，则可先用锯沿着外螺纹切向将螺母锯开后再剔，如图 TYBZ00909001-3（b）所示。

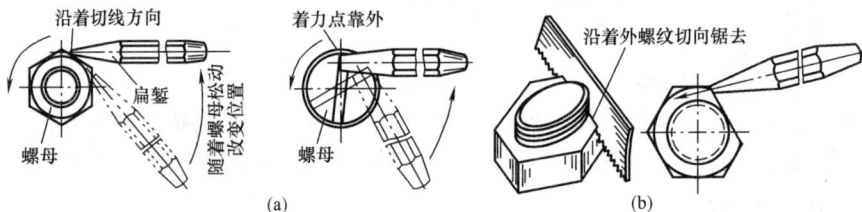

图 TYBZ00909001-3　用扁錾子剔螺母

（a）錾子剔松螺母；（b）锯断螺母

2）若是小螺钉，也可用电钻将拧入部分钻掉后重新攻丝。

3）用专用工具将螺母剪断后将螺钉取出。

如图 TYBZ00909001-4 所示的螺母破碎机，刀头前部为倾斜形状，头部可作180°旋转，以适应不同方位螺母的切断。为适应高处作业要求，该螺母破碎机配有可充电电池。

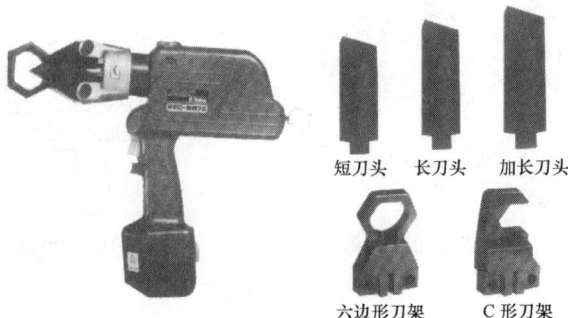

图 TYBZ00909001-4　螺母破碎机

三、螺纹连接的装配

（1）螺钉或螺母与零件贴合的表面应光洁、平整，否则容易使连接件松动或使螺杆弯曲。

（2）螺钉或螺母与接触表面应清洁，螺孔内的脏物应清理干净。

（3）配合过紧的螺纹必须进行修理（攻丝、套丝），不允许强行拧入，配合过松（磨损或加工不合格）的螺纹不允许再继续使用。

（4）拧紧力矩应适当，通常可用标准的扳手扳紧，当要求有一定的拧紧力矩时，可用力矩扳手扳紧。

（5）双头螺柱的装配。

1）为保证双头螺柱一端紧固在结合面上，应用双螺母互锁的方式或用长螺母旋具将双头螺柱一端拧紧，如图 TYBZ00909001-1 所示。

2）在拧紧双头螺柱时，必须保证螺栓的轴线垂直于结合面。要求不高时，可用钢直尺校验；要求较高时（如缸体结合面），应用直角尺校验。若轴线有较小偏斜，可先把螺栓旋出，然后用丝锥（通常是二锥）攻丝进行校正；若偏斜较大，则不得强行攻丝，以免扭断丝锥，或影响连接的可靠性。

3）装配双头螺柱时，必须加润滑油，以防产生咬住现象，同时也可防锈。

四、关于成组螺纹连接件的拆装

1. 成组螺纹连接件的拆卸

成组螺纹连接件的拆卸，除按照单个螺纹件的方法拆卸外，还要做到如下几点：

（1）首先将各螺纹件拧松 1～2 圈，然后按照一定的顺序，先四周后中间按对角线方向逐一拆卸，以免力量集中到最后一个螺纹件上，造成难以拆卸或零部件的变形和损坏。

（2）处于难拆部位的螺纹件要先拆卸下来。

（3）拆卸悬臂部件的环形螺柱组时，要特别注意安全。首先要仔细检查零部件是否垫稳，起重索是否捆牢，然后从下面开始按对称位置拧松螺柱进行拆卸。最上面的一个或两个螺柱，要在最后分解吊离时拆下，以防事故发生或零部件损坏。

2. 成组螺纹连接件的装配

对成组螺纹连接件的装配，施力要均匀，且应按一定顺序分次逐步拧紧（一般分三次拧紧）。如图 TYBZ00909001-5 所示是几种典型成组螺母布局方式的拧紧顺序。

（1）拧紧长方形布置的成组螺母时，应从中间开始，逐渐向两边对称地扩展，如图 TYBZ00909001-5（a）所示。

（2）在拧紧圆形或方形布置的成组螺母时，必须对称地进行（如有定位销，应从靠近定位销的螺栓开始），如图 TYBZ00909001-5（b）和图 TYBZ00909001-5（c）所示。

（3）当被拧螺母有一定拧紧力矩要求时，应用力矩扳手拧紧。

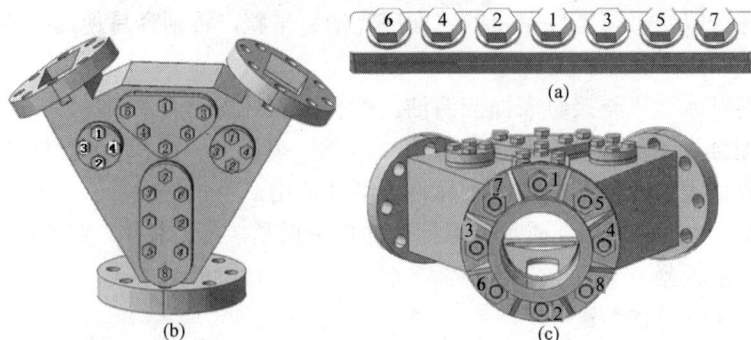

图 TYBZ00909001-5 成组螺母装配实例

（a）拧紧长方形布置的成组螺母；（b）拧紧圆形或方形布置的成组螺母；

（c）拧紧有一定拧紧力的成组螺母

五、螺纹连接的损坏形式及修理

（1）螺钉与螺孔配合太松。此时有以下两种情况：

1）若是螺钉牙型及尺寸磨损，则必须更换一个螺纹中径尺寸较大的螺钉。

2）若是螺孔牙型及尺寸磨损，则应重新加工螺孔。

（2）螺纹断扣。如果断扣不超过半扣，则应用板牙再套丝一次，或用细锉在断扣处修光；如果内螺纹损坏两三扣，则用丝锥再攻深几牙，并装入一个比原来螺钉长出两三扣的螺钉。

（3）螺钉因生锈腐蚀难以拆卸时，可按前述螺纹连接拆卸方法进行拆卸操作。

（4）螺钉头扭断。

（5）固定零件螺孔的螺纹磨损。可采取更换螺钉以增大螺钉平均直径的办法来修复。

（6）固定零件螺孔的螺纹烂牙。可将螺纹底孔直径扩大一个规格，如原来是 M10 的底孔直径可改为 M12 的底孔直径，攻丝后再用 M12 的螺钉拧入。

【思考与练习】

1. 简述螺纹连接（包括成组螺纹连接件）的拆卸方法。

2. 简述成组螺纹连接件的装配方法。

3. 简述螺纹连接的损坏形式及修理方法。

模块 2 断丝取出（TYBZ00909002）

【模块描述】本模块介绍了断丝取出方法。通过对实际检修工作中常见到的一些断丝取出工艺的详细讲解，掌握常见断丝取出技巧。

【正文】

一、螺钉折断后的取出技巧

（1）若断螺钉露出孔外较长，可用钢丝钳拧出，如图 TYBZ00909002-1 所示。

（2）可在断螺钉外露部分顶端锯出一定深度的槽（可安装双锯条进行锯割），用螺丝刀旋出。

（3）可在断螺钉外露部分锉出两平行平面，然后用扳手扳出。对于淬过火的螺钉可以焊上一具螺母，再用扳手扳出。

（4）断头螺钉较粗时，可用扁錾子沿圆周剔出。

（5）若露出孔外部分很短或不露出，可采用以下几种方法取出：

1）打小孔后钉入方锉用扳手拧出，如图 TYBZ00909002-2 所示。

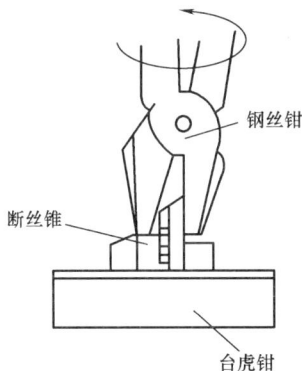

图 TYBZ00909002-1　用钢钳直接取出　　　图 TYBZ00909002-2　通过打孔取出断丝

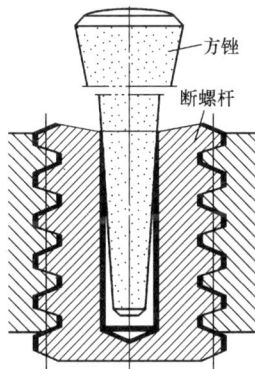

2）在螺钉中心钻孔，攻反向螺纹，拧入反向螺钉旋出，如图 TYBZ00909002-3 所示。

3）用专用断丝旋取器取出，如图 TYBZ00909002-4 所示。

（6）螺钉断在孔内，可用直径比螺纹底径小 0.5～1mm 的钻头，把螺钉钻去，再用丝锥攻内螺纹。

（7）对于直径较大的螺钉，可用打双孔后用专用工具退出，如图 TYBZ00909002-5 所示。

（8）用打小径孔的方法破坏断丝，用划针等工具，取出其余部分，如图 TYBZ00909002-6 所示。

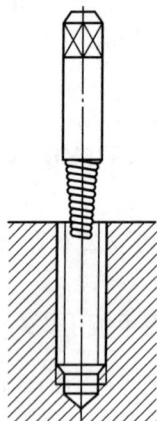

图 TYBZ00909002-3　拧入反向螺钉将断丝取出

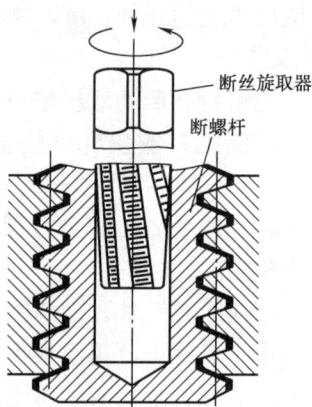

图 TYBZ00909002-4　用专用旋取器取出

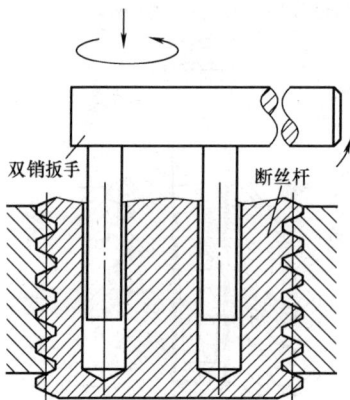

图 TYBZ00909002-5　打双孔后取断丝

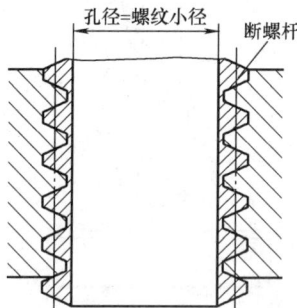

图 TYBZ00909002-6　打小孔法破坏断丝

（9）辅助加热利用膨胀差的方法取出。

（10）用电火花打孔的方法破坏断丝。

（11）用改大孔的方法破坏断丝。

二、断丝锥的旋取

在攻丝过程中，底孔直径选取不当，或攻丝操作不当，都可能造成丝锥折断现象，为此，在这里针对这一问题提出以下几种解决方案。

（1）若露出孔外较长，可用钢丝钳拧出。

（2）若露出孔外部分很短或不露出，可采用以下方法取出：

1）用样冲或尖楔剔出，如图 TYBZ00909002-7 所示。

2）用专用旋出器（见图 TYBZ00909002-8）取出，如图 TYBZ00909002-9 所示。

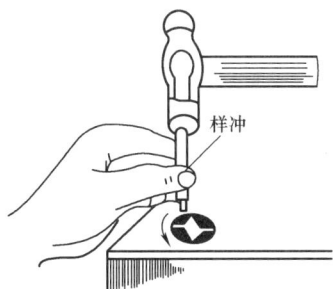

图 TYBZ00909002-7　用样冲取断丝锥

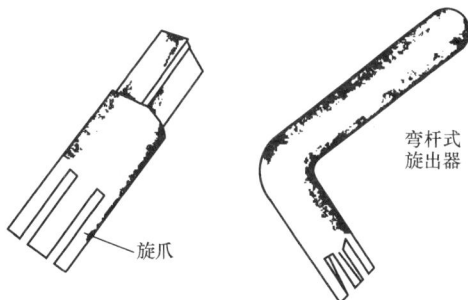

图 TYBZ00909002-8　旋出器

3）用钢丝插入折断丝锥的容屑槽，用两个六角螺母将折断丝锥与断锥上部并紧后再用扳手退出，如图 TYBZ00909002-10 所示。

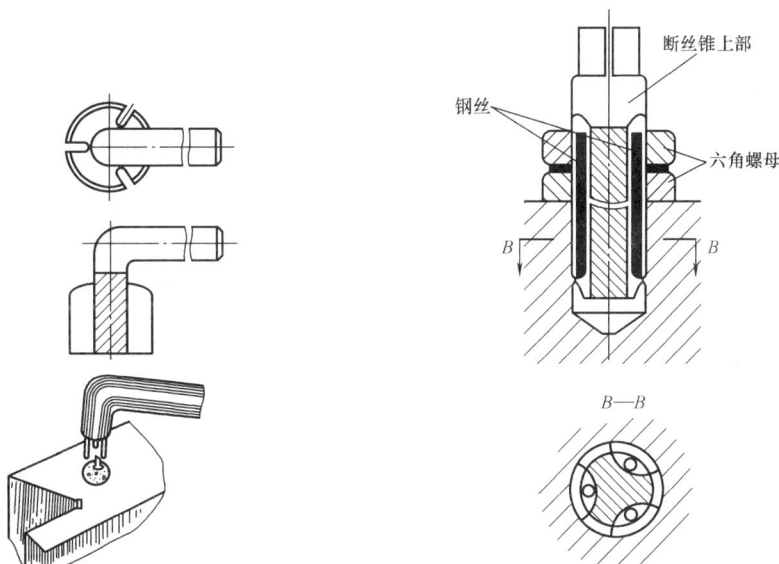

图 TYBZ00909002-9　用旋出器取断锥过程

图 TYBZ00909002-10　用钢丝插入容屑槽取断锥

4）用堆焊螺母或堆焊后焊（气焊）内六方扳手的方法取出，如图 TYBZ00909002-11 所示。

5）用电火花打孔的方法解体断锥。

6）破坏性打出，改孔。

虽然以上列举了一些断丝取出的具体方法，但应当指出的是，不是所有断丝锥都能从孔中取出（尤其是比较小的丝锥），因断丝锥不能取出（有条件可以考虑改孔位、放弃旋取）而造成工件报废的现象时有发生，故在攻丝前应进行正确的前期准备工作，攻丝时应少进多回、合理润滑，以防止丝锥折断。

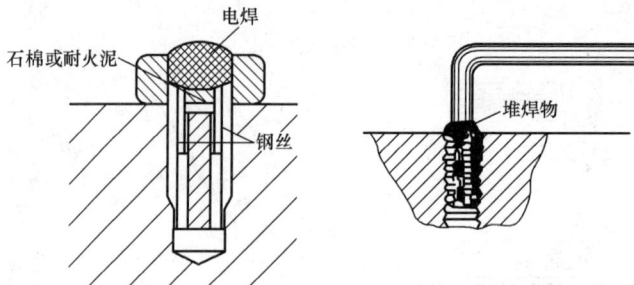

图 TYBZ00909002–11　用堆焊法取断锥

【思考与练习】

1. 举例说明螺钉折断后有哪些取出技巧。
2. 简述断丝锥的取出方法。

模块 3　键连接（TYBZ00909003）

【模块描述】本模块介绍了常见键连接的形式。通过对平键及紧键连接拆装工艺的讲解，掌握常见键连接的拆装工艺。

【正文】

一、常用键连接形式

键连接用于轴上零件的固定，并能传递一定的扭矩。根据结构特点的不同，键连接可分为松键连接、紧键连接及花键连接。松键连接又可分为普通平键连接、导向平键连接、半圆键连接等，如图 TYBZ00909003–1 所示；紧键连接又可分为普通楔键连接及钩头楔键连接，如图 TYBZ00909003–2 所示。

图 TYBZ00909003–1　常用键连接形式

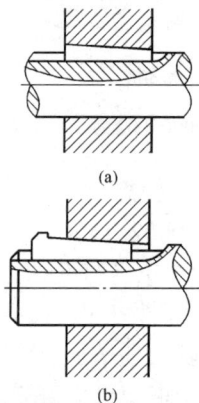

图 TYBZ00909003–2　紧键连接的形式

（a）普通楔键连接；（b）钩头楔键连接

二、常见键连接的拆装工艺

1. 平键的拆卸工艺

由于平键与键槽配合较紧，再加之长时间使用后，键与键槽均有一定变形，这些都给取键工作带来一定难度。对于装有螺钉的键，可通过旋入螺钉将键顺利取出（见图 TYBZ00909003-3），但对于没有装螺钉的平键，要保证键在毫无损伤的前提下取出，几乎是不可能的。因此，对于无旋取螺钉的键，可按下述操作顺序进行取出。

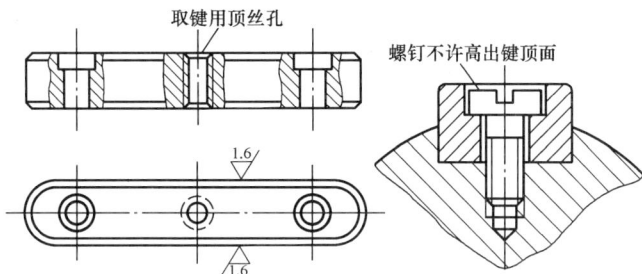

图 TYBZ00909003-3　用顶丝取平键

（1）虎钳上垫上软钳口后，用适当力夹持键身露出部分，可将键取出，但这种方法只适合取直径较小的轴上的键。

（2）用手虎钳用适当力夹持键身露出部分，将键取出。

（3）用钩头錾从平键端头（非工作面）入錾，轻轻用力，将键剔出。

（4）若以上方法仍不能将键取出，可考虑在键上钻孔攻丝后，拧入螺钉将键拔出。

2. 平键连接的装配

（1）平键连接的装配原则是键在轴上的键槽中必须与槽底接触，与键槽两侧有紧力。

（2）平键连接装配的前提是，平键两侧面最大极限尺寸小于键槽内侧最小极限尺寸，并根据设备键连接配合性质及公差要求，严格修配键与键槽极限尺寸。

（3）测量键、键槽宽度以及长度尺寸是否符合设备键连接技术要求，如不符合须对平键进行锉削修整。

（4）平键装入键槽前，应进行去毛刺、砂光、清洗等工作；而对于键槽，则可使用油石、砂条、砂纸等进行去毛刺、砂光操作，并做好清洁。

（5）拿键试配键槽，如图 TYBZ00909003-4 所示。

（6）装键的操作方法包括：方法一，装键时，用软材料（硬木块、铅块等）垫在键上，将其打入键槽中；方法二，在虎钳上加上软钳口，将键压入键槽中。

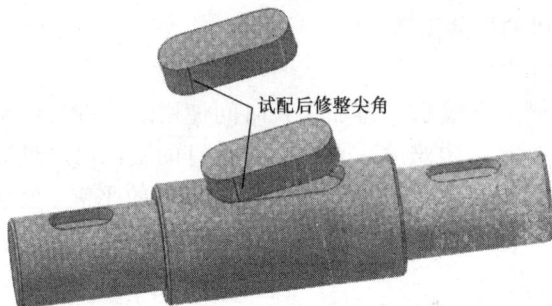

试配后修整尖角

图 TYBZ00909003-4 试配后修整

（7）键与轮毂槽装配前，也需用油石、砂条、砂纸等对轮毂槽进行去毛刺、砂光操作，并作好清洁。

（8）键与轮毂槽相配前，在键或轮毂槽上要均匀涂油后再进行装配。

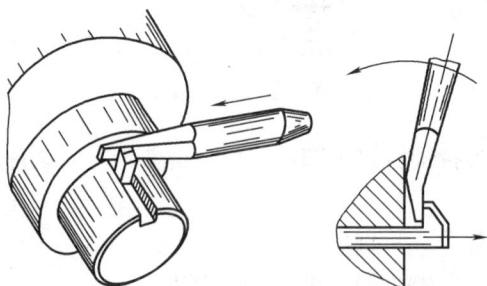

图 TYBZ00909003-5 钩头楔键的取出方法

3. 紧键连接的拆装工艺

（1）紧键的拆卸。普通楔键的拆装工艺与平键连接基本相同，而钩头楔键可采取图 TYBZ00909003-5 所示的拆卸方法进行拆卸。

（2）紧键的装配。装配紧键时，一般采用涂色法检查楔键上下表面与轴槽及轮毂槽的接触情况，若发现接触不良，可用锉刀、刮刀修整键槽。合格后，轻敲入内，至套件周向、轴向紧固可靠。

【思考与练习】

1. 简述平键连接的拆装工艺。

2. 简述紧键连接的拆装工艺。

模块 4 销连接（TYBZ00909004）

【模块描述】本模块介绍了销连接的种类及应用、销的拆卸及装配工艺、销的损坏形式及修理工艺。通过销连接及其检修工艺的讲解，掌握销连接拆装及检修技能。

【正文】

一、销连接的种类及应用

销连接通常可分为圆柱销连接、圆锥销连接及开口销连接（如图 TYBZ00909004-1 所示）等几种形式。根据销连接配合精度要求，圆柱销连接既可用于传动场合，如传动轴、套连接；也可用于活动铰链连接等；而圆锥销连接只用于传动场合，如传动轴、套连接、轴、毂连接等。

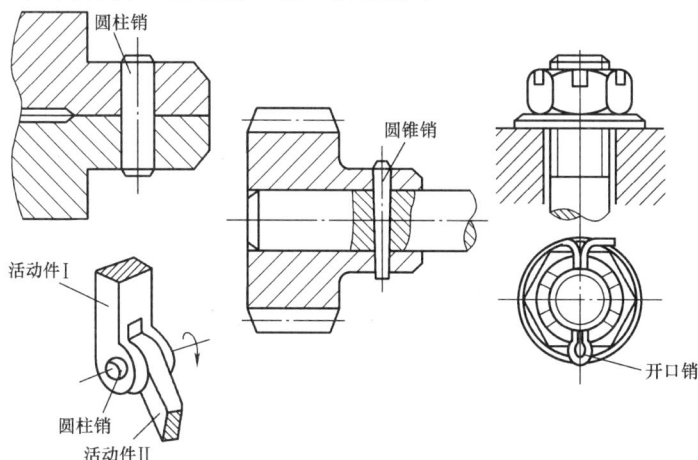

图 TYBZ00909004–1　销连接的种类及应用

二、销连接的拆卸工艺

（1）在拆卸普通圆柱销和圆锥销时，可用一个直径小于销孔的冲子用手锤将销击出。但要注意的是，圆锥销的击出方向应是从销子的小端（直径）向大端（直径）击出。锥销拆卸实例一如图 TYBZ00909004–2 所示。

（2）若销子尾端带有内螺纹，可用与内螺纹相同的螺钉拧入尾端，然后用相应工具取出销子，如图 TYBZ00909004–3 所示。

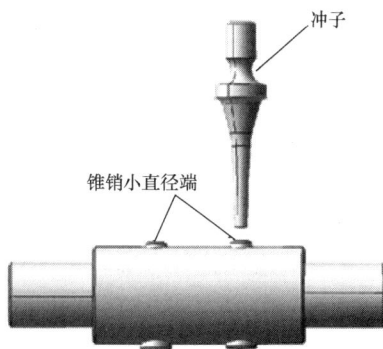

图 TYBZ00909004–2　锥销拆卸实例一

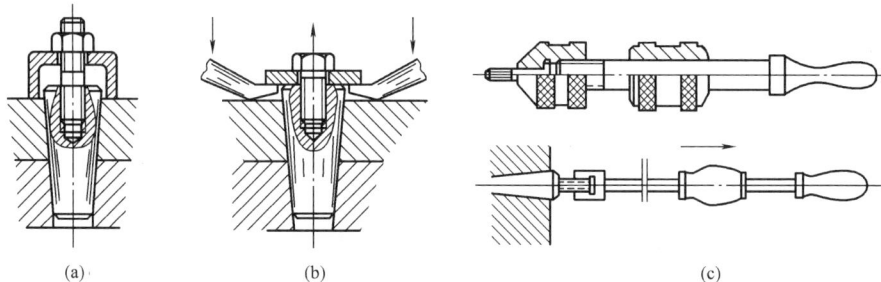

图 TYBZ00909004–3　尾端带螺纹的销子的取出方法

（a）用丝对拉取销子；（b）撬取；（c）用专用拉拔器（拔销器）取销子

三、销连接的装配工艺

1. 圆柱销的装配

圆柱销在装配时，既要保证销与销孔的配合性质又要保证销与销孔的中心重合。具体装配方法如下：因圆柱销一般依靠过盈固定在销孔中，所以销孔在装配前一定要铰削，一般被连接件的两孔应同时钻、铰；在装配时，应在销子表面涂上机油，用铜棒垫在销子端面上，把销子打入孔中。

2. 圆锥销的装配

如图 TYBZ00909004–4 所示是圆锥销的装配过程，装配圆锥销时，应保证销与销孔的锥度正确，其贴合斑点应大于 70%以上。为此应采取如下方法装配：按圆锥销小端直径选取钻头，将被连接的两零件装在一起钻孔，用与锥销相同锥度的锥铰刀铰削两相配孔；先采用钻阶梯孔，然后铰孔装销的方法。但要注意，为防止孔径变大，应采取边铰削边试配的方法，直至以圆锥销自由地插入相配孔全长的 80%～85%为宜。此后便可用铜棒垫在销子大端端面上，并用手锤敲入销子，最终敲入深度，以销子大端倒角露出被连接表面为宜。

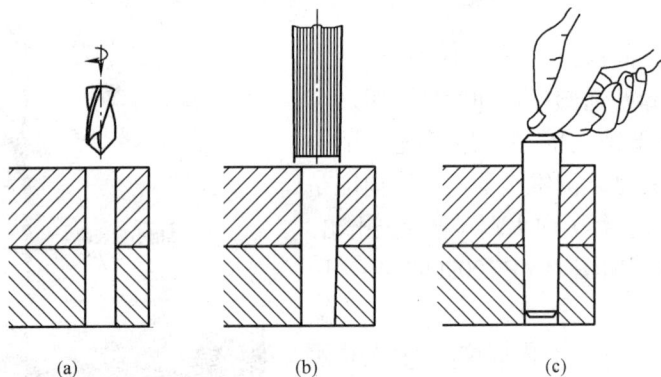

图 TYBZ00909004–4　圆锥销的装配过程

（a）步骤一：钻孔；（b）步骤二：铰孔；（c）步骤三：装入销子

四、销连接的损坏形式及修理

销连接的损坏包括销子（或销轴）的损坏以及销孔的损坏。

销子（或销轴）的损坏形式主要有销子磨损（直径变小）、销子弯曲以及销子剪断等几种形式。

因销子（或销轴）作为易损件，其材质的强度低于被连接件的强度，故销连接损坏后，其主要检修工作是重新更换轴子（或销轴），这一检修工作通常又称为配销。

配销工艺如下所述：

（1）因长期磨损，销孔产生了一定量的形状及尺寸误差，视其磨损情况，确定销孔修复方案，即选择直接用铰刀铰孔还是扩孔后再铰孔。

（2）将被连接件的孔位对齐并固定后，一起扩孔或铰孔。

（3）精确测量铰孔后销孔的实际直径。

（4）根据配合精度要求，确定销子（或销轴）形状及尺寸精度，加工（车削及磨削）销子（或销轴）。

（5）试配合适后将销子装入。

【思考与练习】

1. 简述销连接常用的拆卸方法。

2. 简述圆锥销连接的装配工艺过程。

3. 简述配销工艺。

模块 5　过盈连接（TYBZ00909005）

【模块描述】本模块介绍了过盈连接的概念和过盈连接的拆装工艺。通过对过盈连接拆卸和装配方法的讲解，掌握过盈连接的折卸和装配技能。

【正文】

一、过盈连接概念

过盈连接就是用一定的方法，将具有过盈配合性质的孔与轴装配在一起所形成的紧固连接。过盈连接后，轴的外表面与孔的内表面之间将产生较大的摩擦力，而轴就可以依靠此摩擦力，带动其上相配件旋转，在传递运动的同时，传递一定的功率及扭矩。

二、过盈连接件的拆卸工艺

（1）拆卸过盈配合件，应视零件配合尺寸和过盈量的大小，选择合适的拆卸方法和工具、设备，如拉轮器、压力机等，如图 TYBZ00909005-1 所示。不允许使用铁锤直接敲击零部件，以防损坏零部件。

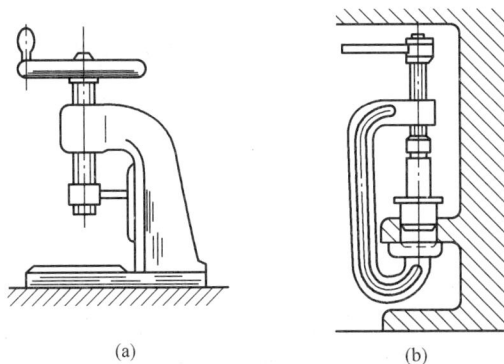

（a）　　　　　　　　（b）

图 TYBZ00909005-1　过盈配合件拆装用工具（一）

（a）螺旋压力机；（b）C 形夹头

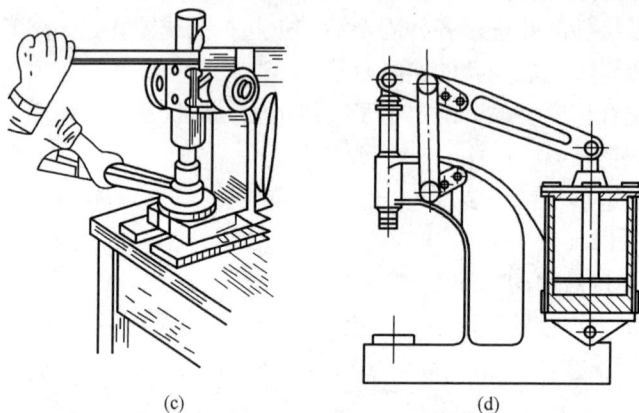

图 TYBZ00909005-1　过盈配合件拆装用工具（二）

（c）齿条压力机；（d）气动杠杆压力机

（2）拆卸时，应尽量使用导向工具，这样不但能提高效率，更能保证被拆卸零件的质量。如图 TYBZ00909005-2 所示为压出轴套用导向装置。

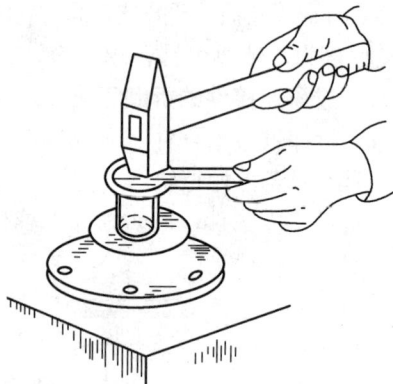

（3）在无专用工具的情况下，可用木槌、铜锤、塑料锤或垫以木棒（块）、铜棒（块）用铁锤敲击，如图 TYBZ00909005-3 所示。

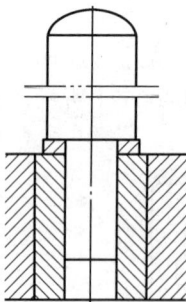

图 TYBZ00909005-2　压出轴套用导向装置　　图 TYBZ00909005-3　手动拆卸过盈连接件

（4）无论使用何种方法拆卸，都要检查有无销钉、螺钉等附加固定装置或定位装置，若有，应先拆下。

（5）过盈连接拆卸时，施力部位必须正确，以使零件受力均匀不歪斜，如对轴类零件，压力应作用在受力面的中心；要保证拆卸方向的正确性，特别是带台阶、有锥度的过盈配合件的拆卸。

三、过盈连接件的装配工艺

装配与拆卸过盈连接的零件，所用工具、设备及方法基本相同，不同之处，只是施力方向相反而已。其操作工艺包括以下几点：

（1）两配合表面应保证良好的尺寸、形位精度及要求的表面粗糙度。

（2）在装配前，要重点做好配合件的清洁工作。

（3）过盈连接应尽量用压入装配法装配，所用设备及工具见图 TYBZ00909005-1。

（4）在压入时，相配合的表面必须涂油润滑，以免装配时擦伤结合表面。

（5）压入过程中，应保持连续，压入速度不宜太快，应尽量慢，通常不要超过 10mm/s，并需准确控制压入行程。

（6）压合时，必须保证轴与孔的同轴度，不允许偏斜，应尽量采用导向工具，如无导向工具，可随时用直角尺检查校对，如图 TYBZ00909005-4 所示。

（7）用手动装配过盈配合件时，锤击力切记不能偏斜，四周用力应均匀，如图 TYBZ00909005-5 所示。

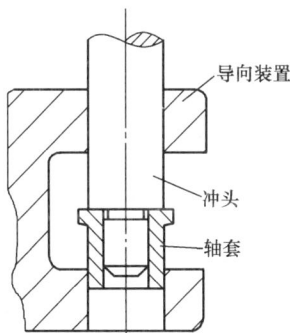

图 TYBZ00909005-4 用导向装置压入轴套　　图 TYBZ00909005-5 手动装配过盈连接

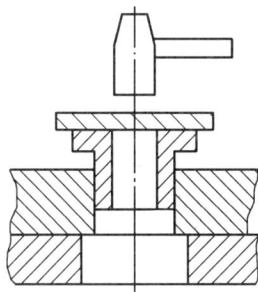

（8）对于细长的薄壁件，在压入时，要特别注意检查其过盈量和形状偏差，装配时最好垂直压入，以防变形。

【思考与练习】

1. 简述过盈连接件的拆卸工艺。

2. 简述过盈连接件的装配工艺。

模块 6　铆接（TYBZ00909006）

【模块描述】本模块介绍了铆接种类、铆接工具、铆钉选择及铆接方法。通过对常见铆接操作工艺过程的描述，掌握铆接操作的工艺。

【正文】

一、铆接种类

用铆钉将两个或两个以上的工件连接起来的操作称为铆接。由于铆接具有操作简单、应用灵活的特点，所以一般用于受力不大的场合。根据零件铆接后，相互间能否转动，可将铆接分为固定铆接和活动铆接（如图 TYBZ00909006–1 所示）。

铆接操作根据铆接方法不同又可分为热铆、冷铆和混合铆三种。一般直径小于 8mm 的铆接均采用冷铆接。

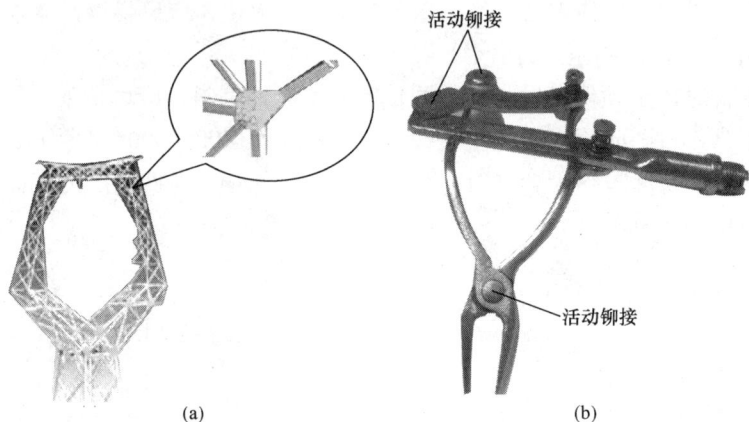

活动铆接

活动铆接

（a） （b）

图 TYBZ00909006–1 铆接的种类

（a）固定铆接；（b）活动铆接

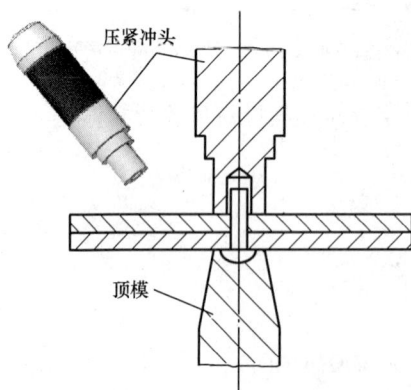

压紧冲头

顶模

图 TYBZ00909006–2 压紧冲头

二、铆接工具

1. 手锤

钳工铆接用手锤多数为圆头手锤，其规格按铆钉直径大小选择，用得最多的是 0.5 磅或 1 磅的小手锤。

2. 压紧冲头

如图 TYBZ00909006–2 所示，当铆钉插入孔内后，用它将被铆的板料压紧并使之贴合。

3. 顶模和罩模

在铆接半圆头铆钉及半圆沉头铆钉时，其最终铆接成型过程是用顶模和罩模将铆合头修整为规则形状。如图 TYBZ00909006–3 所示，顶模和罩模头部的半圆形凹球面，应按半圆头铆钉的标准尺寸制作。

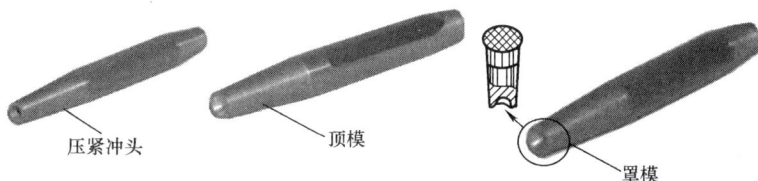

图 TYBZ00909006-3　顶模和罩模

压紧冲头　　顶模　　罩模

三、铆钉种类

（1）按铆钉的形状来分，铆钉主要分为半圆头铆钉、沉头铆钉、平圆沉头铆钉和空心铆钉。其形状如图 TYBZ00909006-4 所示。

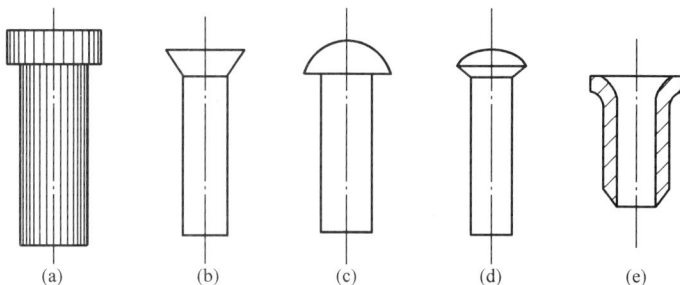

图 TYBZ00909006-4　铆钉类型

（a）平头铆钉；（b）沉头铆钉；（c）半圆头铆钉；（d）半圆沉头铆钉；（e）管状空心铆钉

（2）按铆接用途来分，铆钉又可分为锅炉铆钉、钢结构件铆钉和皮带铆钉三种铆钉。

（3）按铆钉材质来分，铆钉又可分为钢质、铜质（紫铜和黄铜）和铝质三种铆钉。

四、铆接用铆钉参数的确定

1. 铆钉直径的确定

铆钉直径大小的选择一般与被连接板的厚度有关，为保证铆钉有足够的抗剪强度，根据经验，铆钉直径一般取板厚的 1.8 倍。铆接前通孔直径 d_0 的选择可参考表 TYBZ00909006-1 所示。

表 TYBZ00909006-1　　铆钉直径和铆接前通孔直径的确定　　　　　　　　　　mm

铆钉直径 d		2.0	2.5	3.0	4.0	5.0	6.0	8.0	10.0
通孔直径 d_0	粗装配	2.2	2.7	3.4	4.5	5.6	6.6	8.6	11
	精装配	2.1	2.6	3.1	4.1	5.2	6.2	8.2	10.3

2. 铆钉长度的确定

铆接时所取铆钉长度必须能铆出符合要求的铆合头和获得足够的铆接强度。铆钉长度包括板件总厚度和铆钉伸出部分的长度。一般情况下，半圆头铆钉伸出部分长度，应为铆钉直径的 1.25～1.5 倍；沉头铆钉伸出部分长度，应为铆钉直径的 0.8～1.2 倍。如图 TYBZ00909006-5 所示为铆钉长度的正确确定方法。

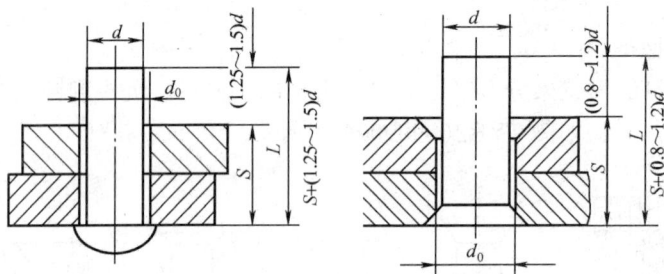

图 TYBZ00909006-5　铆钉长度正确确定方法

五、铆接操作方法

1. 半圆头铆钉铆接

（1）参见表 TYBZ00909006-1，正确选择钻铆钉孔的钻头直径 d_0。若钉孔直径选得过小，铆钉被打入后，将损坏连接件孔壁，甚至出现裂纹；若孔径选得过大，铆接时铆钉就会歪斜，甚至造成弯曲。这不但影响铆合头外观，而且铆接强度也将大为降低。

（2）被连接板料上钻孔或配钻孔，孔口去毛刺。

（3）插入铆钉，将铆钉原头放在顶模上，用压紧冲头镦紧板料，如图 TYBZ00909006-6（a）所示。

（4）用手锤镦粗铆钉头，如图 TYBZ00909006-6（b）所示。

（5）边锤击，边修整，使铆合头初步成形，如图 TYBZ00909006-6（c）所示。

（6）用罩模修整铆合头至要求形状，如图 TYBZ00909006-6（d）所示。

2. 沉头铆钉铆接

（1）正确选择钻铆钉孔的钻头直径，其方法同半圆头铆钉的铆接。

（2）被连接板料上钻孔或配钻孔后，必须在上下两孔口锪孔。

（3）将沉头铆钉插入铆钉孔中，若有现成的成型铆钉，只需镦粗成型铆钉另一端头即可；若不用成型铆钉，而用截好的圆钢来代替成型铆钉，可继续按如下方法操作；将截好的圆钢插入铆钉孔内，在正中位置镦粗两头，然后先铆平一端，再铆平另一端，最后将两端面修平。沿头铆钉的铆接过程如图 TYBZ00909006-7 所示。

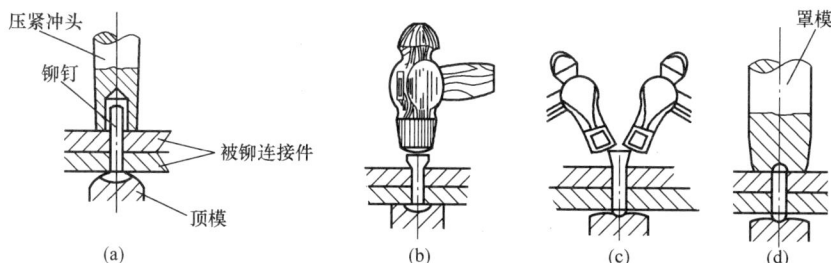

图 TYBZ00909006-6 半圆头铆钉铆接过程

（a）用压紧冲头镦紧板料；（b）用手锤镦粗铆钉头；（c）锤击修整，使铆合头初步成形；

（d）用罩模修整铆合头至要求形状

3. 空心铆钉的铆接

如图 TYBZ00909006-8 所示，空心铆钉插入孔后，首先将工件压紧，用样冲将空心铆钉的口边胀开，然后用特制的成型冲头冲成铆合头。

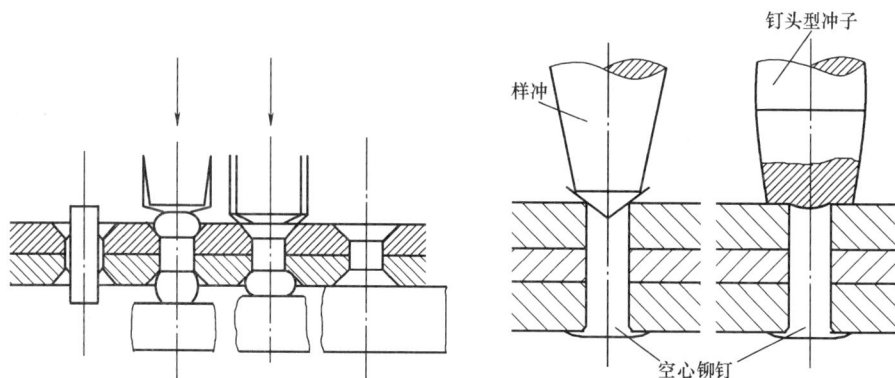

图 TYBZ00909006-7 沉头铆钉的铆接过程　　图 TYBZ00909006-8 空心铆钉的铆接过程

4. 固定铆接和活动铆接

固定铆接和活动铆接方法基本相同，上面所述的铆接操作工艺均适用于固定铆接和活动铆接。

两者在操作方面有不同之处。

当按上述铆接工艺固定铆接后，被铆接的零件已无相对运动。要使其有相对运动，成为活动铆接，可先在铆合头下方垫上空心顶模（空心顶模形状与压紧冲头相似），然后用手锤敲击铆合头，则铆钉就会松动，两被铆零件即能相对运动。若两被铆件出现过松现象，还可按固定铆接工艺将其铆紧。因此，活动铆接的松紧可根据需要进行调整。

六、铆接件的拆卸

在一些设备检修场合,要通过拆卸铆接件来更换零件,此时,只有毁坏铆钉头,然后才能用专用冲子将铆钉冲出,以达到铆接件拆分的目的。

1. 沉头铆钉的拆卸

如图 TYBZ00909006-9 所示,拆卸时,可先用样冲在铆钉头上冲出中心眼,用小于铆钉直径约 1mm 的钻头钻孔,孔深略超过铆钉头的高度,然后用冲子插入孔中将铆钉冲出。

2. 半圆头铆钉的拆卸

如图 TYBZ00909006-10 所示,拆卸半圆头铆钉时,先将铆钉头略微敲平,再打样冲眼钻孔,用一合适圆棒插入孔中折断铆钉头,然后用冲子冲出铆钉。对于要求不高,较粗糙的表面,可用錾子从铆钉头四周錾去铆钉头,这种方法一般只适合于直径小于 10mm 的铆钉,而对于拆卸时不允许损坏表面的工件,只可用相应钻头钻去铆钉。

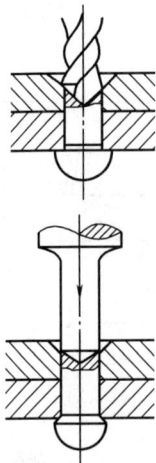

图 TYBZ00909006-9 沉头铆钉的拆卸   图 TYBZ00909006-10 半圆头铆钉的拆卸

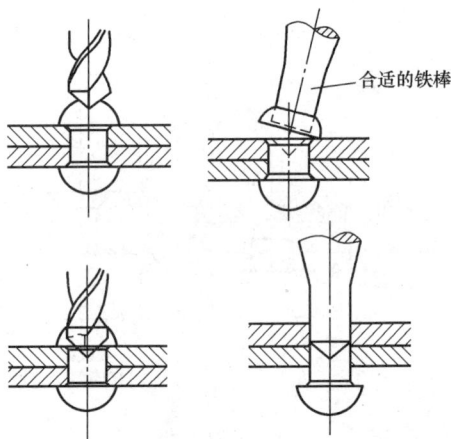

【思考与练习】

1. 简述铆接前铆钉直径的确定方法。

2. 如图 TYBZ00909006-11 所示的拔销钳,其钳身部分为活动铆接,试根据本模块所授操作内容,简述钳身的铆接过程。

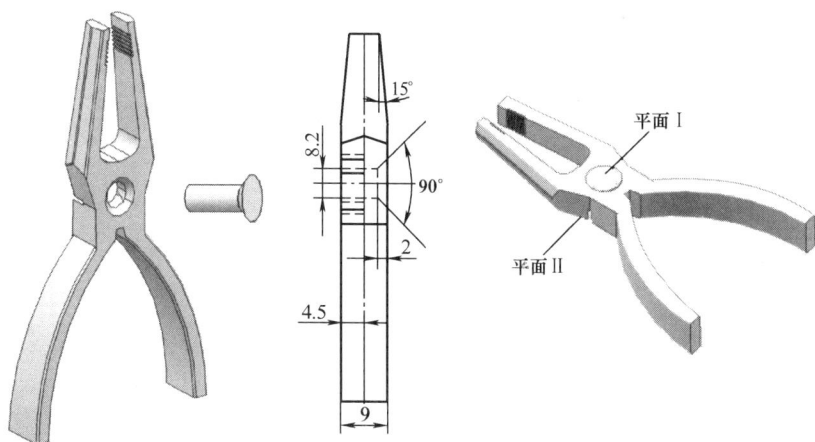

图 TYBZ00909006-11　拔销钳铆接

模块 7　滑动轴承的装配（TYBZ00909007）

【模块描述】本模块介绍了常见滑动轴承的结构特点以及装配方法。通过对两种滑动轴承装配工艺过程的详细讲解，掌握常见滑动轴承的装配工艺。

【正文】

一、常见滑动轴承的结构特点

1. 整体式向心滑动轴承

如图 TYBZ00909007-1 所示是整体式向心滑动轴承的结构，由轴套、轴承座及紧定螺钉三部分组成，其结构简单，通常用于低速、轻载的机械上。

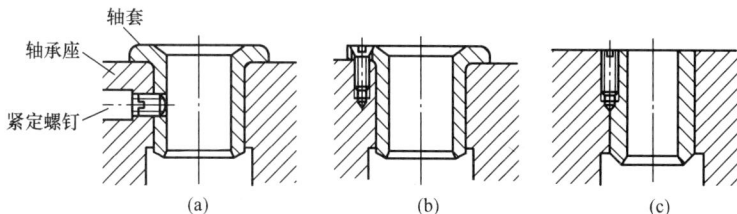

图 TYBZ00909007-1　整体式向心滑动轴承的结构

（a）径向螺钉紧固；（b）端面螺钉紧固；（c）骑缝螺钉紧固

2. 剖分式滑动轴承

剖分式滑动轴承的结构如图 TYBZ00909007-2 所示，轴承能承受较大的负荷，且可采用动压润滑技术，常用于高速、重载的机械上。

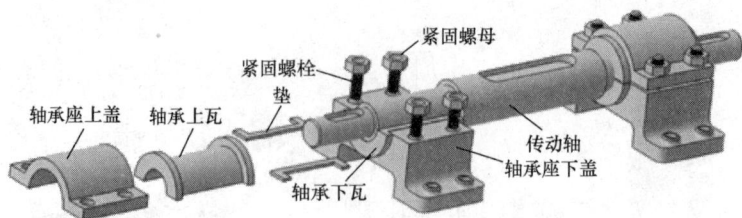

图 TYBZ00909007-2　剖分式滑动轴承的结构

3. 内柱外锥式滑动轴承

内柱外锥式滑动轴承的结构如图 TYBZ00909007-3 所示，内柱外锥式滑动轴承在使用时，可通过调整前后螺母，获得所需要的轴与轴承的间隙。因此，通常用于磨损较快而便于调节间隙的场合。

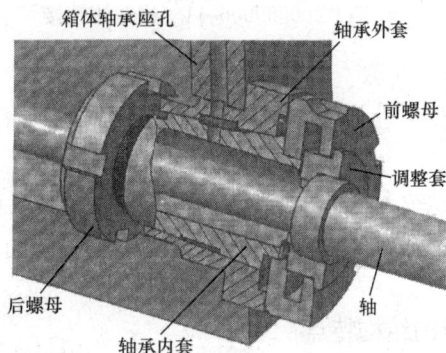

图 TYBZ00909007-3　内柱外锥式滑动轴承的结构

二、常见滑动轴承的装配工艺

1. 整体式向心滑动轴承的装配工艺

轴套外圆与机体内孔过盈量较小时，可采用敲击法装配；当过盈量较大时，必须采用压入法装配。

压入法装配轴套的具体步骤包括以下几点：

（1）将新轴套和轴承孔除掉毛刺，擦拭干净并在配合处涂以润滑油，以防发生轴套外圈拉毛或咬死等现象。

（2）轴套压装。压入轴套时，应用压力机压入或用拉紧夹具把轴套压入机体中，如图 TYBZ00909007-4 所示。压入

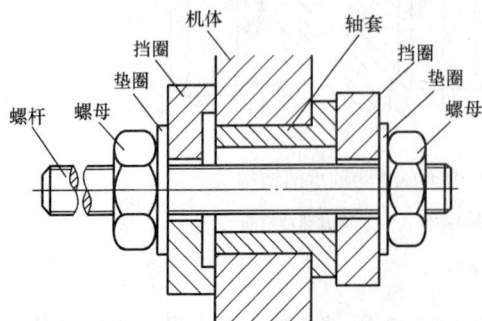

图 TYBZ00909007-4　轴套压装夹具

时，如果轴套上有油孔，应与机体上的孔位对齐。

（3）轴套定位。在压入轴套之后，对负荷较大的滑动轴套，还要用紧定螺钉或定位销等固定。

（4）轴套孔的修整。对于整体的薄壁轴套，压装后，内孔易发生变形，如内径缩小或成椭圆形、圆锥形等，可用铰削、刮削、研磨（或珩磨）等方法，对轴套进行修整。

2. 剖分式滑动轴承的装配工艺

（1）轴瓦与轴颈的组装。

1）圆形孔上、下轴瓦分别与轴颈配研及刮削，以达到规定的游隙。要求轴瓦全长接触良好，剖分面上可装垫片以调整上瓦与轴颈的游隙。

2）组装时，应注意油楔方向与主轴转动方向一致。

3）主轴外伸长度较长时，考虑到主轴由于自身重量产生的变形，应把前轴承下瓦在主轴外伸端刮削得低些，否则主轴可能会"咬死"。

（2）轴瓦与轴承座的组装。

要求轴瓦背与座孔接触良好而均匀，不符合要求时，厚壁轴瓦以座孔为基准修配及刮削轴瓦背部，薄壁轴瓦不修配及刮削，必须进行选配，其过盈量应仔细检测。各部配合游隙达到要求后，将上、下瓦分别装入上盖和下座内，并将上瓦盖、下瓦座与轴组装在一起。

【思考与练习】

1. 简述整体式向心滑动轴承的装配工艺过程。

2. 根据图 TYBZ00909007-2 所示，指出剖分式滑动轴承的结构。

模块 8　滚动轴承的装配（TYBZ00909008）

【模块描述】本模块介绍了常见滚动轴承的拆装方法、拆卸原则和安装注意事项。通过对不同类型滚动轴承拆装工艺过程的详细介绍，掌握常见类型滚动轴承拆装的操作技能。

一、常见滚动轴承的拆卸

（一）滚动轴承的拆卸原则

（1）对于拆卸后还要重复使用的轴承，拆卸时不能损坏轴承的配合表面，因此，其拆卸力（即着力点）应直接加在较紧配合的套圈端面上，而不能通过滚动体传递压力。即拆卸轴颈上的轴承，应施力于轴承内圈；拆卸轴承座上的轴承，应施力于外圈。

（2）拆卸前应弄清轴承与关联件的关系。仔细观察轴承所在的位置与关联件的关系，分析安装过程和方法，然后制定出拆卸的方法和程序。

（3）拆卸轴承时，不得用手锤和錾子直接敲击轴承，如图 TYBZ00909008-1 所示。

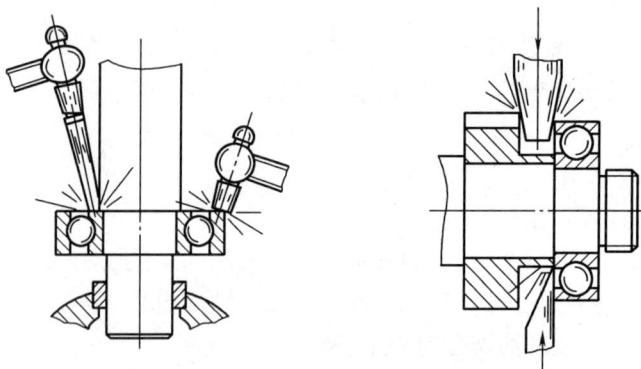

图 TYBZ00909008-1　轴承错误的拆卸方法

（4）拆卸轴承的内圈或外圈时，用力应平衡、均匀，不得歪斜，以防卡死。

（5）拆卸轴承时，不得用易破裂的物件敲击，必须用压力机或采用专用的拆卸工具拆卸，个别情况也可用铜棒或其他软金属衬垫敲击。

（二）常见滚动轴承的拆卸方法

1．圆柱孔轴承的拆卸

（1）轴承内圈与轴紧配合时的拆卸。如图 TYBZ00909008-2 所示为采用常规拆卸法进行拆卸的实例。

（2）当轴承外圈与轴承座孔为紧配合时，在拆卸时可先将轴拉出，然后将轴承按装配相反的方向打出或压出（注意此时着力点应为轴承外圈），如图 TYBZ00909008-3 所示。

（3）当轴承内圈与轴、外圈与壳体均为紧配合时，拆卸时通常可将轴与轴承从轴承座孔中同时击出，然后，再用（1）中所述方法将轴承从轴上拆卸下来。

（4）对于圆锥滚子轴承，因其内外圈可分离，拆卸时可按图 TYBZ00909008-3 所示方法，分别拆卸轴承内圈和外圈。

如图 TYBZ00909008-4 所示的 GW4 型隔离开关转动底座的拆卸就可按此方法进行拆卸。

2．圆锥孔轴承的拆卸

圆锥孔轴承拆卸时，可首先将止动垫圈的外翅扳直，然后回松背帽，再利用金属棒和手锤朝背帽方向将轴承敲出。装在退卸套上的轴承，可先将轴上的背帽卸掉，然后用退卸螺母将退卸套从轴承套圈中拆出，如图 TYBZ00909008-5 所示。

(a)

(b)

(c)

(d)

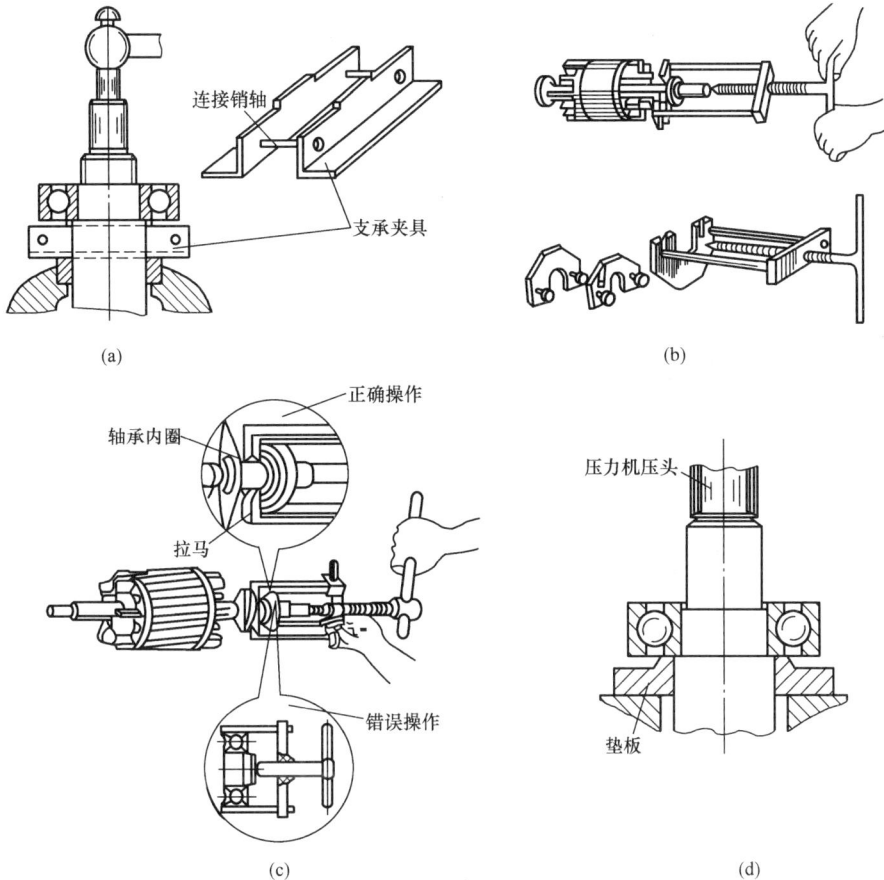

图 TYBZ00909008-2　内圈与轴紧配合时的拆卸

（a）敲击法拆卸轴承；（b）用活头式拆卸器拆卸轴承；（c）用专用拉马拆卸轴承；

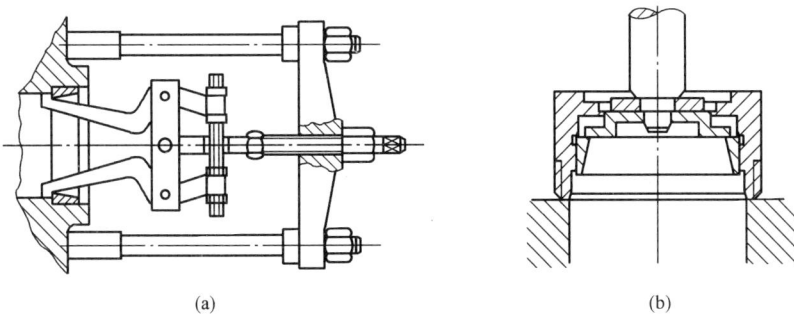

（d）用压力机拆卸轴承

(a)

(b)

图 TYBZ00909008-3　内外圈可分离轴承的拆卸

（a）用拉马拆卸；（b）用专用冲头拆卸

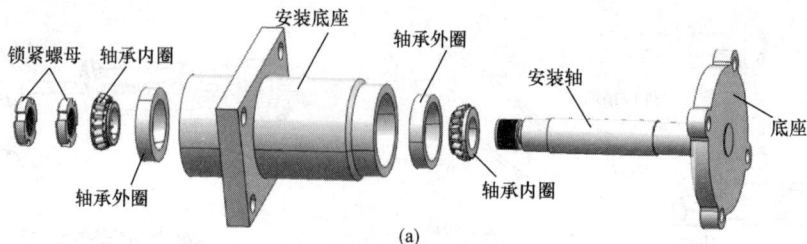

(a)

(b)

图 TYBZ00909008-4 内外圈可分离轴承的拆卸实例

（a）GW4 型隔离开关底座的拆卸；（b）转动底座

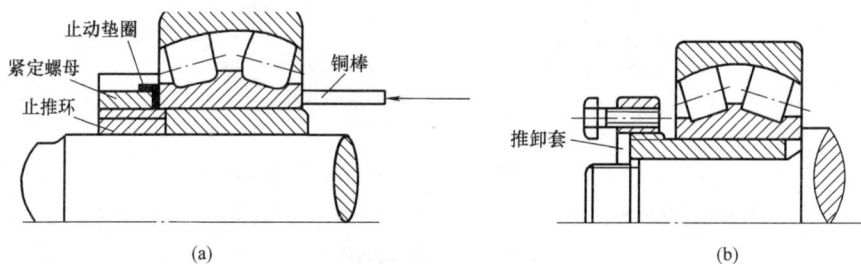

(a)   (b)

图 TYBZ00909008-5 圆锥孔轴承的拆卸

（a）带紧定套轴承拆卸；（b）用拆卸螺母和螺钉拆卸

3. 报废轴承的拆卸

如果因轴承内圈过紧或锈死而无法拆卸，则应破坏轴承的内圈而保护轴，如图 TYBZ00909008-6 所示。

二、常见滚动轴承的装配方法

1. 圆柱孔轴承的装配

（1）当轴承内圈与轴为紧配合、外圈与壳体为较松的配合时，可先将轴承装在轴上，压装时在轴承端面垫上铜或软钢的套筒，然后将轴与轴承一起装入轴承座孔中，如图 TYBZ00909008-7 所示。

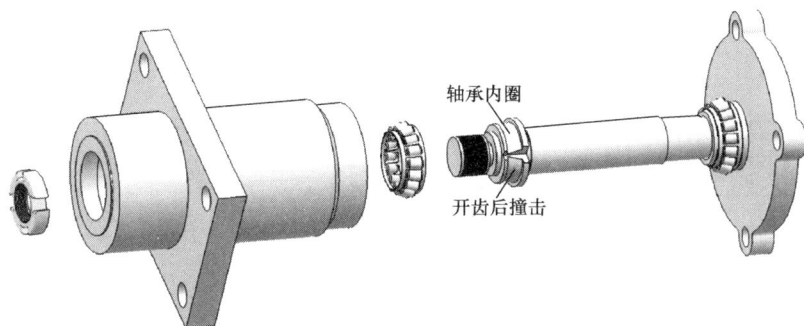

图 TYBZ00909008-6　报废轴承的拆卸实例

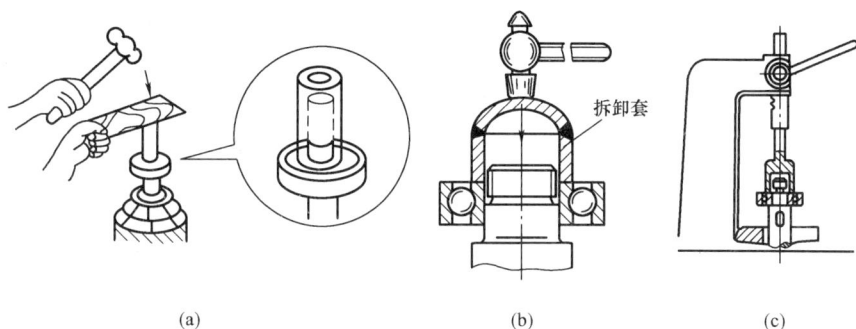

图 TYBZ00909008-7　内圈与轴紧配合轴承的装配

（a）用锤垫软材料装配轴承；（b）用手锤加专用套筒装配轴承；

（c）用手动压力机安装

（2）当轴承外圈与轴承座孔为紧配合、内圈与轴为较松配合时，可先将轴承外圈装入轴承座孔中，如图 TYBZ00909008-8 所示。

（3）当轴承内圈与轴、外圈与壳体孔都是紧配合时，装配套筒的端面应制成能同时压紧轴承内外圈端面的圆环，使压力同时作用于内外圈上，把轴承压入轴上和轴承座孔中，如图 TYBZ00909008-9 所示。

（4）对于圆锥滚子轴承，因其内外圈可以分离，故在将内圈装入轴上以前，应做好滚子的径向固定，尤其是长期使用过的轴承。通常的做法是用铜丝将滚子捆绑好，压入或敲击内圈时也要小心谨慎，以防保持器变形及滚子脱落。内圈装好后，外圈装在轴承的座孔中即可。如图 TYBZ00909008-10 所示的 GW4 型隔离开关转动底座的装配，就可按上述方法进行。

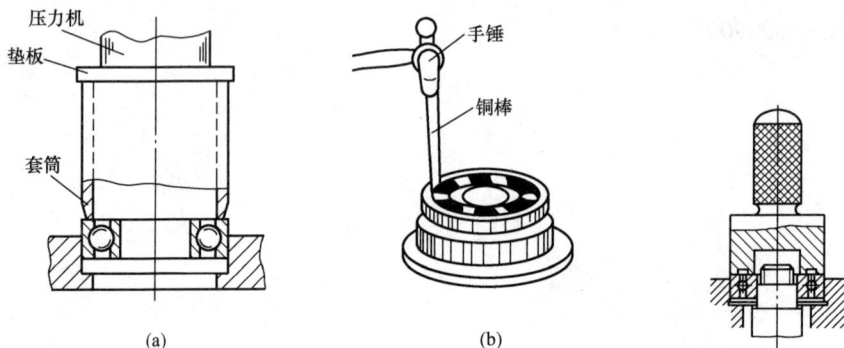

图 TYBZ00909008-8 外圈与座孔紧配合的轴承装配 图 TYBZ00909008-9 内外圈同时压入

（a）用压力机压入；（b）用手锤打入

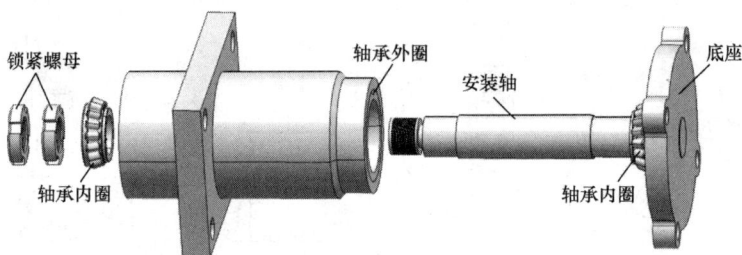

图 TYBZ00909008-10 GW4 型隔离开关底座的装配

2. 圆锥孔轴承的装配

圆锥孔轴承可直接装在有锥度的轴颈上，或装在紧定套和退卸套的锥面上，然后装上止动垫圈，再将背紧螺母拧紧，并用止动垫圈与背帽销拧紧，如图 TYBZ00909008-11 所示。

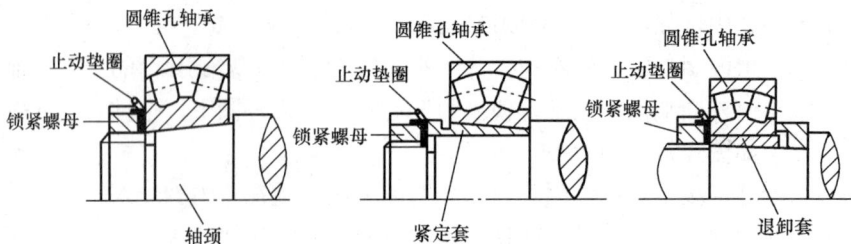

图 TYBZ00909008-11 圆锥孔轴承装配

3. 滚动轴承的安装注意事项

（1）滚动轴承上标有代号的端面应装在可见的部位，以便于将来更换。

（2）轴颈或壳体孔台肩处的圆弧半径应小于轴承的圆弧半径，如图

TYBZ00909008-12 所示。

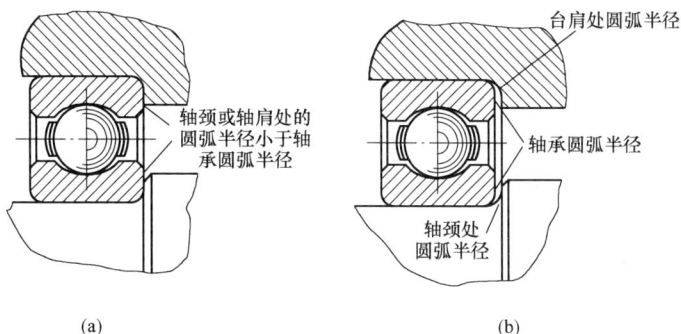

图 TYBZ00909008-12　轴承贴合端面的安装要求

（a）正确；（b）错误

（3）轴承装配在轴上和壳体孔中后，应没有图 TYBZ00909008-13 所示的歪斜和卡住现象。

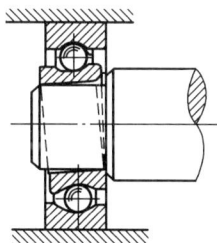

图 TYBZ00909008-13　轴承在轴颈处装配歪斜

（4）在装配滚动轴承的过程中，应严格保持清洁，防止杂物进入轴承内。

（5）装配后，轴承运转应灵活，无噪声，工作时温度不超过 50℃。

【思考与练习】

1. 简述圆柱孔轴承的拆卸与装配工艺。

2. 简述圆锥孔轴承的拆卸与装配工艺。

参 考 文 献

[1] 郭清海，郑琰，曹建忠. 供电企业项目作业指导书（变电检修）. 北京：中国电力出版社，2006.

[2] 陶安余. 变电设备安装工. 北京：中国电力出版社，2003.

[3] 王兴民. 钳工工艺学. 北京：中国劳动出版社，2004.

[4] 赵鸿逵. 热力设备检修基础工艺. 北京：中国劳动出版社，1992.

[5] 吴多华. 应用钳工基础. 北京：中国电力出版社，1996.